广东科学技术学术专著项目资金资助出版

Guangdong Tianyumi

Zhongzhi Ziyuan

广东甜玉米
种质资源

于永涛 等 编著

中国农业出版社

北 京

图书在版编目（CIP）数据

广东甜玉米种质资源/于永涛等编著．—北京：
中国农业出版社，2021.6
　　ISBN 978-7-109-28047-2

Ⅰ.①广… Ⅱ.①于… Ⅲ.①甜玉米–种质资源–研
究–广东 Ⅳ.①S513.024

中国版本图书馆CIP数据核字（2021）第048206号

中国农业出版社出版

地址：北京市朝阳区麦子店街18号楼
邮编：100125
责任编辑：石飞华　张　利
版式设计：王　晨　　责任校对：刘丽香　　责任印制：王　宏
印刷：北京中科印刷有限公司
版次：2021年6月第1版
印次：2021年6月北京第1次印刷
发行：新华书店北京发行所
开本：880mm×1230mm　1/16
印张：12.5
字数：380千字
定价：298.00元

鲜食玉米系列丛书编委会

主任：胡建广

委员：刘建华　李高科　李余良

《广东甜玉米种质资源》
GUANGDONG TIANYUMI ZHONGZHI ZIYUAN

于永涛　李高科　卢文佳　李春艳　文天祥　编著

组编单位：广东省农业科学院作物研究所

广东甜玉米种质资源

前　言

　　甜玉米是由于玉米胚乳碳水化合物合成途径中一个或几个关键基因突变，造成淀粉合成受阻、糖分累积而使得甜度增加的一种特殊类型。甜玉米起源于美洲，20世纪60年代由李竞雄和郑长庚两位教授引进到我国大陆，由此开始甜玉米育种的系统研究，在将近60年的时间里，国内的甜玉米育种研究先后经历了普通甜玉米、加强甜玉米、超甜玉米等阶段。进入新世纪以来，由于具有适口性好，粮、果、蔬兼用等特点，在市场带动下，我国的甜玉米育种水平也得到了全面提升，各地相继涌现出了一大批有影响力的超甜玉米新品种，推动了甜玉米产业的发展壮大。

　　广东是国内开展甜玉米遗传育种研究较早的省份。由于毗邻港澳、经济发达以及饮食习惯等多方面因素，甜玉米产业在广东得到了快速发展，成为了我国最大的甜玉米产区。以广东省农业科学院为代表，包括华南农业大学、仲恺农业工程学院、广州市农业科学院、佛山科技学院等在内的省内各农业科研院所和高等院校相继开展甜玉米育种研究，取得了丰硕的成果。

　　种质资源是育种的基础，育种水平的进步离不开种质资源的收集和创新利用。作为广东省甜玉米研究领军团队，广东省农业科学院作物研究所长期致力于甜玉米种质资源的收集、鉴评和创新利用，从20世纪80年代开始，先后通过从美国、日本、泰国等国家搜集和引进，与国内各兄弟科研院所及高等院校进行种质交换、群体选育、二环选系等方式，逐步建立起了保存有2 000多份种质资源的广东省甜玉米种质资源库。在以胡建广研究员为代表的科研团队努力下，在对这些种质资源进行扩繁和保存的同时，系统开展种质资源的深度鉴评，并进行种质创新利用，为育种能力提升奠定了坚实基础。

　　为进一步推动种质资源的创新利用，助力甜玉米育种水平的提升和产业发展，广东省农业科学院作物研究所从广东省甜玉米种质资源库中选取了部分具有代表性的种质资源整理成册，以供广大从事甜玉米遗传育种研究的科技人员参考。

本书的编辑出版得到了广东省科技厅科技专著项目的资助。本书所涉及的甜玉米种质资源特征特性及相关指标的调查方法及特征描述主要参照中国农业科学院作物科学研究所主持编写的《玉米种质资源描述规范和数据标准》（中国农业出版社，2006年3月第1版），并根据甜玉米种质资源的自身特点略作调整。本书按照超甜玉米、普通甜玉米和加强甜玉米划分为3篇，各篇内依据种质资源库中编号排序。限于篇幅，本书主要从资源形态及特征特性等方面进行描述，力求做到图文并茂、通俗易懂。由于时间仓促，倘若有错漏和欠妥之处，诚望同行专家和读者批评指正。

编著者
2020年12月

广东甜玉米种质资源

目 录

前言

超甜玉米种质资源

普通甜玉米种质资源

加强甜玉米种质资源

PART ONE

超甜玉米种质资源

　　超甜玉米是目前甜玉米产业中应用最广泛的一种甜玉米类型，突出表现为可溶性糖含量高，乳熟期胚乳中可溶性糖含量可达18%～25%，甜度高，爽脆。含糖量高的主要原因是淀粉合成途径中关键酶ADP-葡萄糖焦磷酸化酶因编码基因发生隐性突变而导致酶活性急剧下降，淀粉合成受阻，糖分累积。由于该酶的大小亚基分别由3号染色体上的 *sh2* 和4号染色体上的 *bt2* 基因编码，因此超甜玉米主要分为 *sh2* 和 *bt2* 两类。此外，还有编码ADP-葡萄糖转运蛋白的 *bt1* 等其他突变类型。

1022

种质库编号：C0001

资源类型：自交系

材料来源：杂交种选系

观测地点：广州市天河区

保存单位：广东省农业科学院作物研究所

特征特性：株型紧凑；叶片宽大浓绿，紧凑上冲；雄穗护颖黄绿色，花药黄绿色，花丝黄绿色；雌穗包被完整，果穗柱形。

最佳采收期籽粒果皮厚度中等，甜度和风味中等，爽脆。

成熟后籽粒黄色，穗轴白色。

农艺性状					
株高（cm）	131.9	上位穗上叶叶长（cm）	50.4	雄穗一级分枝数	中
穗位高（cm）	42.0	上位穗上叶叶宽（cm）	9.9	雄穗长度（cm）	25.4
果穗考种特征					
穗长（cm）	11.4	穗粗（cm）	3.7	秃尖长（cm）	0.5
穗行数	12～14	行粒数	25.0	百粒重（g）	13.3
鲜籽粒主要成分					
水分（%）	71.32	淀粉（mg/g，FW）	56.66	可溶性糖（mg/g，FW）	71.58
粗蛋白（mg/g，FW）	34.43	粗脂肪（%）	1.06	粗纤维（%）	0.71
食味品质					
甜度	中等	风味	中等	爽脆度	优
果皮厚度	中等				

1132

种质库编号：C0002

资源类型：自交系

材料来源：杂交种选系

观测地点：广州市天河区

保存单位：广东省农业科学院作物研究所

特征特性：株型半紧凑；雄穗护颖黄绿色，花药黄绿色，花丝黄绿色；雌穗包被完整，果穗柱形。

最佳采收期籽粒果皮厚度中等，甜度和风味中等，较爽脆。

穗行排列整齐，成熟后籽粒橘黄色，穗轴白色。

农艺性状					
株高（cm）	124.0	上位穗上叶叶长（cm）	57.4	雄穗一级分枝数	中
穗位高（cm）	36.9	上位穗上叶叶宽（cm）	6.7	雄穗长度（cm）	27.0
果穗考种特征					
穗长（cm）	10.1	穗粗（cm）	3.3	秃尖长（cm）	0.3
穗行数	10~12	行粒数	24.3	百粒重（g）	10.0
鲜籽粒主要成分					
水分（%）	69.55	淀粉（mg/g，FW）	48.19	可溶性糖（mg/g，FW）	63.94
粗蛋白（mg/g，FW）	35.50	粗脂肪（%）	0.97	粗纤维（%）	1.08
食味品质					
甜度	中等	风味	中等	爽脆度	中等
果皮厚度	中等				

C5

种质库编号：C0003

资源类型：自交系

材料来源：杂交种选系

观测地点：广州市天河区

保存单位：广东省农业科学院作物研究所

特征特性：株型半紧凑；雄穗护颖黄绿色，花药黄绿色，花丝黄绿色；雌穗包被完整，果穗柱形。

最佳采收期籽粒果皮厚度中等，甜度高，风味优，较爽脆。

成熟后果穗较粗，有秃尖，籽粒橘黄色，穗轴白色。

农艺性状					
株高（cm）	141.8	上位穗上叶叶长（cm）	65.4	雄穗一级分枝数	中
穗位高（cm）	48.9	上位穗上叶叶宽（cm）	7.9	雄穗长度（cm）	26.8
果穗考种特征					
穗长（cm）	12.5	穗粗（cm）	3.8	秃尖长（cm）	2.3
穗行数	14～16	行粒数	22.3	百粒重（g）	11.8
鲜籽粒主要成分					
水分（%）	71.71	淀粉（mg/g，FW）	42.21	可溶性糖（mg/g，FW）	63.36
粗蛋白（mg/g，FW）	48.06	粗脂肪（%）	2.02	粗纤维（%）	0.88
食味品质					
甜度	优	风味	优	爽脆度	中等
果皮厚度	中等				

RIC-1

种质库编号：C0004

资源类型：自交系

材料来源：日本杂交种选系

观测地点：广州市天河区

保存单位：广东省农业科学院作物研究所

特征特性：生育期短，早熟。株型平展；雄穗护颖黄绿色，部分轻度败育，花药黄绿色，花丝黄绿色；雌穗包被完整，有旗叶，果穗柱形。

最佳采收期籽粒果皮厚度中等，甜度高，风味中等，较爽脆。

成熟后籽粒白色，穗轴白色。

农艺性状					
株高（cm）	93.1	上位穗上叶叶长（cm）	60.1	雄穗一级分枝数	少
穗位高（cm）	17.3	上位穗上叶叶宽（cm）	6.1	雄穗长度（cm）	24.8
果穗考种特征					
穗长（cm）	12.3	穗粗（cm）	3.2	秃尖长（cm）	0.7
穗行数	10～12	行粒数	23.4	百粒重（g）	10.7
鲜籽粒主要成分					
水分（%）	70.48	淀粉（mg/g，FW）	62.54	可溶性糖（mg/g，FW）	82.45
粗蛋白（mg/g，FW）	32.36	粗脂肪（%）	0.98	粗纤维（%）	0.54
食味品质					
甜度	优	风味	中等	爽脆度	中等
果皮厚度	中等				

C4

种质库编号：C0005

资源类型：自交系

材料来源：杂交种选系

观测地点：广州市天河区

保存单位：广东省农业科学院作物研究所

特征特性：株型紧凑；雄穗护颖黄绿色，花药黄绿色，花丝黄绿色；雌穗包被完整，果穗柱形。

最佳采收期籽粒食味品质中等。

成熟后果穗有秃尖，籽粒橘黄色，穗轴白色。

农艺性状					
株高（cm）	113.5	上位穗上叶叶长（cm）	61.3	雄穗一级分枝数	中
穗位高（cm）	31.2	上位穗上叶叶宽（cm）	7.6	雄穗长度（cm）	23.0
果穗考种特征					
穗长（cm）	11.8	穗粗（cm）	3.6	秃尖长（cm）	2.3
穗行数	12～14	行粒数	18.0	百粒重（g）	15.6
鲜籽粒主要成分					
水分（%）	—	淀粉（mg/g，FW）	—	可溶性糖（mg/g，FW）	—
粗蛋白（mg/g，FW）	—	粗脂肪（%）	—	粗纤维（%）	—
食味品质					
甜度	中等	风味	中等	爽脆度	中等
果皮厚度	中等				

RIC-2

种质库编号：C0007

资源类型：自交系

材料来源：日本杂交种选系

观测地点：广州市天河区

保存单位：广东省农业科学院作物研究所

特征特性：植株矮，株型平展；雄穗护颖黄绿色，花药黄绿色，花丝黄绿色；雌穗包被完整，果穗柱形。

最佳采收期籽粒果皮薄，甜度高，风味佳，较爽脆。

成熟后籽粒乳白色，穗轴白色。

农艺性状					
株高（cm）	99.1	上位穗上叶叶长（cm）	58.0	雄穗一级分枝数	中
穗位高（cm）	27.8	上位穗上叶叶宽（cm）	7.5	雄穗长度（cm）	22.4
果穗考种特征					
穗长（cm）	9.6	穗粗（cm）	3.2	秃尖长（cm）	0.7
穗行数	12～14	行粒数	20.9	百粒重（g）	9.7
鲜籽粒主要成分					
水分（%）	71.25	淀粉（mg/g，FW）	41.06	可溶性糖（mg/g，FW）	84.88
粗蛋白（mg/g，FW）	40.90	粗脂肪（%）	1.61	粗纤维（%）	1.07
食味品质					
甜度	优	风味	优	爽脆度	中等
果皮厚度	优				

XIAWY

种质库编号：C0009

资源类型：自交系

材料来源：美国甜玉米杂交种选系

观测地点：广州市天河区

保存单位：广东省农业科学院作物研究所

特征特性：株型半紧凑；雄穗护颖黄绿色，花药黄绿色，花丝黄绿色；雌穗包被完整，有小旗叶，果穗柱形，穗行排列不整齐。

最佳采收期籽粒果皮厚度中等，甜度较高，风味中等，较爽脆。

成熟后籽粒橘黄色，穗轴白色。

农艺性状					
株高（cm）	122.7	上位穗上叶叶长（cm）	54.4	雄穗一级分枝数	少
穗位高（cm）	31.2	上位穗上叶叶宽（cm）	7.4	雄穗长度（cm）	25.1
果穗考种特征					
穗长（cm）	11.3	穗粗（cm）	3.2	秃尖长（cm）	0.3
穗行数	14	行粒数	23.2	百粒重（g）	7.7
鲜籽粒主要成分					
水分（%）	74.85	淀粉（mg/g，FW）	30.23	可溶性糖（mg/g，FW）	60.61
粗蛋白（mg/g，FW）	37.95	粗脂肪（%）	2.13	粗纤维（%）	0.73
食味品质					
甜度	中等	风味	中等	爽脆度	中等
果皮厚度	中等				

HUAZ-3

种质库编号：C0012

资源类型：自交系

材料来源：中国台湾甜玉米杂交种华珍选系

观测地点：广州市天河区

保存单位：广东省农业科学院作物研究所

特征特性：株型半紧凑；雄穗护颖黄绿色，花药黄绿色，花丝黄绿色；雌穗包被完整，果穗柱形，短粗。

最佳采收期籽粒果皮较薄，甜度和风味中等，较爽脆。

成熟后籽粒橙黄色，穗轴白色。

农艺性状					
株高（cm）	120.3	上位穗上叶叶长（cm）	52.3	雄穗一级分枝数	中
穗位高（cm）	45.5	上位穗上叶叶宽（cm）	6.8	雄穗长度（cm）	22.1
果穗考种特征					
穗长（cm）	8.3	穗粗（cm）	4.1	秃尖长（cm）	0.5
穗行数	16	行粒数	18.8	百粒重（g）	11.0
鲜籽粒主要成分					
水分（%）	74.05	淀粉（mg/g，FW）	34.08	可溶性糖（mg/g，FW）	53.11
粗蛋白（mg/g，FW）	37.32	粗脂肪（%）	1.43	粗纤维（%）	0.82
食味品质					
甜度	中等	风味	中等	爽脆度	中等
果皮厚度	中等				

SHIZ-1

种质库编号：C0015

资源类型：自交系

材料来源：中国台湾甜玉米杂交种世珍选系

观测地点：广州市天河区

保存单位：广东省农业科学院作物研究所

特征特性：植株高，株型半紧凑；叶片宽大浓绿；支持根发达；雄穗护颖黄绿色，花药黄绿色，花丝黄绿色；雌穗包被完整，果穗柱形。

最佳采收期籽粒果皮较薄，甜度和风味中等，爽脆。成熟后籽粒黄色，穗轴白色。

农艺性状					
株高（cm）	195.8	上位穗上叶叶长（cm）	68.2	雄穗一级分枝数	中
穗位高（cm）	69.0	上位穗上叶叶宽（cm）	7.7	雄穗长度（cm）	26.7
果穗考种特征					
穗长（cm）	12.3	穗粗（cm）	3.5	秃尖长（cm）	0.2
穗行数	12~14	行粒数	25.8	百粒重（g）	9.6
鲜籽粒主要成分					
水分（%）	71.20	淀粉（mg/g，FW）	57.96	可溶性糖（mg/g，FW）	65.23
粗蛋白（mg/g，FW）	39.76	粗脂肪（%）	2.66	粗纤维（%）	0.86
食味品质					
甜度	中等	风味	中等	爽脆度	优
果皮厚度	中等				

ZHONGN419

种质库编号：C0016

资源类型：自交系

材料来源：杂交种中农甜419选系

观测地点：广州市天河区

保存单位：广东省农业科学院作物研究所

特征特性：株型半紧凑；叶色绿；雄穗护颖黄绿色，花药黄绿色，花丝黄绿色；雌穗穗位低，包被完整，果穗柱形。

最佳采收期籽粒果皮厚度中等，甜度高，风味中等，较爽脆。

成熟后籽粒黄色，穗轴白色。

农艺性状					
株高（cm）	109.1	上位穗上叶叶长（cm）	65.5	雄穗一级分枝数	少
穗位高（cm）	18.1	上位穗上叶叶宽（cm）	6.4	雄穗长度（cm）	24.1
果穗考种特征					
穗长（cm）	11.1	穗粗（cm）	3.8	秃尖长（cm）	1.4
穗行数	14~16	行粒数	21.9	百粒重（g）	10.3
鲜籽粒主要成分					
水分（%）	72.66	淀粉（mg/g，FW）	35.51	可溶性糖（mg/g，FW）	90.65
粗蛋白（mg/g，FW）	31.24	粗脂肪（%）	2.19	粗纤维（%）	1.01
食味品质					
甜度	优	风味	中等	爽脆度	中等
果皮厚度	中等				

Z5

种质库编号：C0017

资源类型：自交系

材料来源：阿根廷甜玉米杂交种选系

观测地点：广州市天河区

保存单位：广东省农业科学院作物研究所

特征特性：幼苗叶色深绿。植株细弱，株型平展，上部节间长；雄穗护颖黄绿色，花药黄绿色，花丝黄绿色；雌穗穗位低，包被完整，果穗柱形。

最佳采收期籽粒果皮薄，爽脆，甜度较高，风味较好。

成熟后籽粒橙黄色，穗轴白色。

农艺性状					
株高（cm）	149.1	上位穗上叶叶长（cm）	56.4	雄穗一级分枝数	中
穗位高（cm）	37.6	上位穗上叶叶宽（cm）	6.5	雄穗长度（cm）	23.0
果穗考种特征					
穗长（cm）	8.8	穗粗（cm）	3.2	秃尖长（cm）	0.3
穗行数	12～14	行粒数	18.1	百粒重（g）	12.5
鲜籽粒主要成分					
水分（%）	72.28	淀粉（mg/g，FW）	38.50	可溶性糖（mg/g，FW）	74.76
粗蛋白（mg/g，FW）	42.97	粗脂肪（%）	1.95	粗纤维（%）	0.96
食味品质					
甜度	中等	风味	中等	爽脆度	优
果皮厚度	优				

N16

种质库编号：C0018

资源类型：自交系

材料来源：杂交种选系

观测地点：广州市天河区

保存单位：广东省农业科学院作物研究所

特征特性：株型半紧凑，叶片宽大；雄穗护颖黄绿色，花药黄绿色，花丝黄绿色；雌穗包被完整，有长旗叶，果穗柱形，有副穗。

最佳采收期籽粒果皮薄，甜度高，风味佳，爽脆。成熟后籽粒较大，籽粒黄色，穗轴白色。

农艺性状					
株高（cm）	123.4	上位穗上叶叶长（cm）	64.8	雄穗一级分枝数	少
穗位高（cm）	29.2	上位穗上叶叶宽（cm）	8.6	雄穗长度（cm）	26.7
果穗考种特征					
穗长（cm）	12.0	穗粗（cm）	3.8	秃尖长（cm）	3.1
穗行数	12～14	行粒数	15.2	百粒重（g）	15.7
鲜籽粒主要成分					
水分（%）	71.17	淀粉（mg/g，FW）	57.27	可溶性糖（mg/g，FW）	78.82
粗蛋白（mg/g，FW）	41.49	粗脂肪（%）	2.33	粗纤维（%）	0.54
食味品质					
甜度	优	风味	优	爽脆度	优
果皮厚度	优				

MH70

种质库编号：C0020

资源类型：自交系

材料来源：美国甜玉米杂交种MH70选系

观测地点：广州市天河区

保存单位：广东省农业科学院作物研究所

特征特性：株型半紧凑；雄穗大，披散，护颖黄绿色，花药黄绿色，花丝黄绿色；雌穗包被完整，果穗柱形。

最佳采收期籽粒果皮薄，甜度高，风味佳，爽脆。

成熟后籽粒橘黄色，穗轴白色。

农艺性状					
株高（cm）	147.2	上位穗上叶叶长（cm）	61.5	雄穗一级分枝数	中
穗位高（cm）	39.7	上位穗上叶叶宽（cm）	7.0	雄穗长度（cm）	29.3
果穗考种特征					
穗长（cm）	9.1	穗粗（cm）	3.4	秃尖长（cm）	1.4
穗行数	12～14	行粒数	14.7	百粒重（g）	12.2
鲜籽粒主要成分					
水分（%）	73.47	淀粉（mg/g，FW）	41.33	可溶性糖（mg/g，FW）	72.36
粗蛋白（mg/g，FW）	38.00	粗脂肪（%）	2.52	粗纤维（%）	0.72
食味品质					
甜度	优	风味	优	爽脆度	优
果皮厚度	优				

KUPL

种质库编号：C0021

资源类型：自交系

材料来源：先正达公司甜玉米杂交种库普拉选系

观测地点：广州市天河区

保存单位：广东省农业科学院作物研究所

特征特性：株型半紧凑，茎节之间有折角；雄穗分枝少，护颖黄绿色，花药黄绿色，花丝黄绿色；雌穗穗位低，包被完整，有旗叶，果穗柱形。

最佳采收期籽粒果皮薄，甜度和风味中等，较爽脆。

成熟后籽粒橙黄色，穗轴白色。

农艺性状					
株高（cm）	122.7	上位穗上叶叶长（cm）	58.4	雄穗一级分枝数	少
穗位高（cm）	17.5	上位穗上叶叶宽（cm）	5.9	雄穗长度（cm）	25.8
果穗考种特征					
穗长（cm）	7.4	穗粗（cm）	3.3	秃尖长（cm）	0
穗行数	10～12	行粒数	14.9	百粒重（g）	10.0
鲜籽粒主要成分					
水分（%）	70.79	淀粉（mg/g，FW）	33.26	可溶性糖（mg/g，FW）	64.44
粗蛋白（mg/g，FW）	45.81	粗脂肪（%）	3.28	粗纤维（%）	0.91
食味品质					
甜度	中等	风味	中等	爽脆度	中等
果皮厚度	优				

JINZM

种质库编号：C0022

资源类型：自交系

材料来源：美国甜玉米杂交种金珠蜜选系

观测地点：广州市天河区

保存单位：广东省农业科学院作物研究所

特征特性：株型半紧凑；雄穗护颖黄绿色，花药黄绿色，花丝黄绿色；雌穗包被完整，果穗柱形。

最佳采收期籽粒果皮薄，甜度较高，风味中等，爽脆。

成熟后籽粒黄色，粒深，穗轴白色。

农艺性状					
株高（cm）	129.1	上位穗上叶叶长（cm）	67.6	雄穗一级分枝数	少
穗位高（cm）	31.3	上位穗上叶叶宽（cm）	7.8	雄穗长度（cm）	29.0
果穗考种特征					
穗长（cm）	11.3	穗粗（cm）	3.6	秃尖长（cm）	1.0
穗行数	14～16	行粒数	25.3	百粒重（g）	9.7
鲜籽粒主要成分					
水分（%）	—	淀粉（mg/g，FW）	—	可溶性糖（mg/g，FW）	—
粗蛋白（mg/g，FW）	—	粗脂肪（%）	—	粗纤维（%）	—
食味品质					
甜度	中等	风味	中等	爽脆度	优
果皮厚度	优				

JINZM-W

种质库编号：C0023

资源类型：自交系

材料来源：美国甜玉米杂交种金珠蜜选系

观测地点：广州市天河区

保存单位：广东省农业科学院作物研究所

特征特性：株型平展；雄穗护颖黄绿色，花药黄绿色，花丝黄绿色；雌穗包被完整，有旗叶，果穗柱形。

最佳采收期籽粒果皮厚度中等，甜度和风味中等，较爽脆。成熟后籽粒和穗轴均为白色。

农艺性状					
株高（cm）	143.2	上位穗上叶叶长（cm）	62.1	雄穗一级分枝数	少
穗位高（cm）	27.5	上位穗上叶叶宽（cm）	6.1	雄穗长度（cm）	30.4
果穗考种特征					
穗长（cm）	10.5	穗粗（cm）	3.3	秃尖长（cm）	0.1
穗行数	12~14	行粒数	20.2	百粒重（g）	10.3
鲜籽粒主要成分					
水分（%）	74.61	淀粉（mg/g，FW）	42.68	可溶性糖（mg/g，FW）	78.66
粗蛋白（mg/g，FW）	30.44	粗脂肪（%）	1.43	粗纤维（%）	0.76
食味品质					
甜度	中等	风味	中等	爽脆度	中等
果皮厚度	中等				

ZENG061487

种质库编号：C0024

资源类型：自交系

材料来源：泰国甜玉米群体选系

观测地点：广州市天河区

保存单位：广东省农业科学院作物研究所

特征特性：株型平展；雄穗披散，护颖黄绿色，花药黄绿色，花丝黄绿色；雌穗包被完整，果穗柱形。

最佳采收期籽粒果皮较薄，甜度高，风味中等，较爽脆。

成熟后籽粒橙黄色，穗轴白色。

农艺性状					
株高（cm）	165.7	上位穗上叶叶长（cm）	65.8	雄穗一级分枝数	中
穗位高（cm）	45.6	上位穗上叶叶宽（cm）	6.3	雄穗长度（cm）	26.2
果穗考种特征					
穗长（cm）	10.6	穗粗（cm）	3.3	秃尖长（cm）	0.3
穗行数	12~14	行粒数	21.9	百粒重（g）	9.3
鲜籽粒主要成分					
水分（%）	70.55	淀粉（mg/g，FW）	33.85	可溶性糖（mg/g，FW）	85.87
粗蛋白（mg/g，FW）	45.07	粗脂肪（%）	2.91	粗纤维（%）	0.79
食味品质					
甜度	优	风味	中等	爽脆度	中等
果皮厚度	中等				

NANY-3

种质库编号：C0025

资源类型：自交系

材料来源：杂交种选系

观测地点：广州市天河区

保存单位：广东省农业科学院作物研究所

特征特性：幼苗叶色深绿。株型半紧凑；雄穗披散，护颖黄绿色，花药黄绿色，花丝黄绿色；雌穗包被完整，果穗柱形。

最佳采收期籽粒果皮厚度中等，甜度较高，风味中等，较爽脆。

成熟后籽粒黄色，穗轴白色。

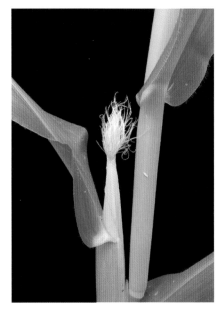

农艺性状					
株高（cm）	120.4	上位穗上叶叶长（cm）	55.9	雄穗一级分枝数	中
穗位高（cm）	37.0	上位穗上叶叶宽（cm）	6.9	雄穗长度（cm）	25.2
果穗考种特征					
穗长（cm）	8.6	穗粗（cm）	3.2	秃尖长（cm）	0
穗行数	10	行粒数	21.5	百粒重（g）	10.1
鲜籽粒主要成分					
水分（%）	73.63	淀粉（mg/g，FW）	33.77	可溶性糖（mg/g，FW）	55.58
粗蛋白（mg/g，FW）	39.76	粗脂肪（%）	2.82	粗纤维（%）	0.91
食味品质					
甜度	中等	风味	中等	爽脆度	中等
果皮厚度	中等				

QUN1-01

种质库编号：C0026

资源类型：自交系

材料来源：温带甜玉米群体选系

观测地点：广州市天河区

保存单位：广东省农业科学院作物研究所

特征特性：株型平展；雄穗护颖黄绿色，花药黄绿色，花丝黄绿色；雌穗包被完整，果穗柱形。

最佳采收期籽粒果皮较薄，甜度和风味中等，较爽脆。

成熟后籽粒黄色，穗轴白色。

农艺性状					
株高（cm）	132.3	上位穗上叶叶长（cm）	50.3	雄穗一级分枝数	中
穗位高（cm）	43.9	上位穗上叶叶宽（cm）	6.6	雄穗长度（cm）	25.5
果穗考种特征					
穗长（cm）	8.7	穗粗（cm）	3.5	秃尖长（cm）	0.6
穗行数	12~14	行粒数	16.7	百粒重（g）	12.3
鲜籽粒主要成分					
水分（%）	70.63	淀粉（mg/g, FW）	40.65	可溶性糖（mg/g, FW）	81.19
粗蛋白（mg/g, FW）	39.56	粗脂肪（%）	2.47	粗纤维（%）	0.85
食味品质					
甜度	中等	风味	中等	爽脆度	中等
果皮厚度	中等				

QUN1-02

种质库编号：C0027

资源类型：自交系

材料来源：温带甜玉米群体选系

观测地点：广州市天河区

保存单位：广东省农业科学院作物研究所

特征特性：株型平展；雄穗护颖黄绿色，花药黄绿色，花丝黄绿色；雌穗包被完整，果穗柱形。

最佳采收期籽粒果皮薄，甜度较高，风味佳，爽脆。

成熟后籽粒和穗轴均为白色。

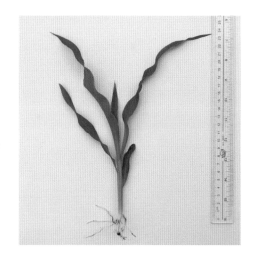

农艺性状					
株高（cm）	151.7	上位穗上叶叶长（cm）	63.1	雄穗一级分枝数	中
穗位高（cm）	47.5	上位穗上叶叶宽（cm）	6.9	雄穗长度（cm）	28.4
果穗考种特征					
穗长（cm）	9.8	穗粗（cm）	3.2	秃尖长（cm）	0
穗行数	10～12	行粒数	19.8	百粒重（g）	10.4
鲜籽粒主要成分					
水分（%）	72.34	淀粉（mg/g，FW）	33.48	可溶性糖（mg/g，FW）	85.82
粗蛋白（mg/g，FW）	37.35	粗脂肪（%）	1.66	粗纤维（%）	0.94
食味品质					
甜度	中等	风味	优	爽脆度	优
果皮厚度	优				

NONGT88-W

种质库编号：C0030

资源类型：自交系

材料来源：农甜88杂交种选系

观测地点：广州市天河区

保存单位：广东省农业科学院作物研究所

特征特性：株型平展；雄穗披散，分枝少，护颖黄绿色，花药黄绿色，花丝黄绿色；雌穗包被完整，果穗柱形。

最佳采收期籽粒果皮较薄，甜度中等，较爽脆。成熟后籽粒和穗轴均为白色。

农艺性状					
株高（cm）	153.7	上位穗上叶叶长（cm）	68.1	雄穗一级分枝数	少
穗位高（cm）	43.5	上位穗上叶叶宽（cm）	5.5	雄穗长度（cm）	31.1
果穗考种特征					
穗长（cm）	8.9	穗粗（cm）	3.7	秃尖长（cm）	0.2
穗行数	12～14	行粒数	18.2	百粒重（g）	12.7
鲜籽粒主要成分					
水分（%）	71.54	淀粉（mg/g，FW）	50.96	可溶性糖（mg/g，FW）	72.44
粗蛋白（mg/g，FW）	41.74	粗脂肪（%）	2.72	粗纤维（%）	1.24
食味品质					
甜度	中等	风味	中等	爽脆度	中等
果皮厚度	中等				

MEI225

种质库编号：C0032

资源类型：自交系

材料来源：美国CrookHam公司杂交种选系

观测地点：广州市天河区

保存单位：广东省农业科学院作物研究所

特征特性：幼苗叶色深绿。植株矮，株型平展；雄穗披散，护颖黄绿色，花药黄绿色，花丝黄绿色，雌雄协调性差；雌穗穗位低，包被完整，有旗叶，果穗柱形。

最佳采收期籽粒果皮薄、爽脆、甜度高、风味中等。

成熟后籽粒黄色，穗轴白色。

农艺性状					
株高（cm）	101.5	上位穗上叶叶长（cm）	60.7	雄穗一级分枝数	中
穗位高（cm）	18.3	上位穗上叶叶宽（cm）	6.8	雄穗长度（cm）	25.0
果穗考种特征					
穗长（cm）	9.5	穗粗（cm）	3.6	秃尖长（cm）	0.8
穗行数	14～16	行粒数	16.8	百粒重（g）	13.6
鲜籽粒主要成分					
水分（%）	—	淀粉（mg/g，FW）	—	可溶性糖（mg/g，FW）	—
粗蛋白（mg/g，FW）	—	粗脂肪（%）	—	粗纤维（%）	—
食味品质					
甜度	高	风味	中等	爽脆度	优
果皮厚度	优				

QUN1-04

种质库编号：C0033

资源类型：自交系

材料来源：温带甜玉米群体选系

观测地点：广州市天河区

保存单位：广东省农业科学院作物研究所

特征特性：株型平展，有分蘖；雄穗大，多分枝，护颖黄绿色，花药黄绿色，花丝黄绿色，雌雄协调性好；雌穗双穗率高，包被完整，有旗叶，果穗柱形。

最佳采收期籽粒果皮薄，甜度高，风味佳，爽脆，因皮薄易裂粒。

成熟后籽粒黄色，穗轴白色。

农艺性状					
株高（cm）	149.6	上位穗上叶叶长（cm）	54.3	雄穗一级分枝数	中
穗位高（cm）	54.5	上位穗上叶叶宽（cm）	8.4	雄穗长度（cm）	29.0
果穗考种特征					
穗长（cm）	8.9	穗粗（cm）	3.7	秃尖长（cm）	0.8
穗行数	14～18	行粒数	16.0	百粒重（g）	11.5
鲜籽粒主要成分					
水分（%）	75.64	淀粉（mg/g，FW）	34.09	可溶性糖（mg/g，FW）	74.31
粗蛋白（mg/g，FW）	38.92	粗脂肪（%）	3.02	粗纤维（%）	0.64
食味品质					
甜度	优	风味	优	爽脆度	优
果皮厚度	优				

QUNR-01

种质库编号：C0035

资源类型：自交系

材料来源：热带甜玉米群体选系

观测地点：广州市天河区

保存单位：广东省农业科学院作物研究所

特征特性：株型半紧凑；雄穗护颖黄绿色，花药黄绿色，花丝黄绿色；雌穗包被完整，果穗柱形。

最佳采收期籽粒果皮较薄，甜度和风味中等，爽脆。

成熟后籽粒橙黄色，穗轴白色。

农艺性状					
株高（cm）	124.7	上位穗上叶叶长（cm）	59.3	雄穗一级分枝数	中
穗位高（cm）	35.4	上位穗上叶叶宽（cm）	7.8	雄穗长度（cm）	27.0
果穗考种特征					
穗长（cm）	11.9	穗粗（cm）	3.5	秃尖长（cm）	0.8
穗行数	10～12	行粒数	27.5	百粒重（g）	11.9
鲜籽粒主要成分					
水分（%）	77.12	淀粉（mg/g，FW）	42.55	可溶性糖（mg/g，FW）	47.91
粗蛋白（mg/g，FW）	40.22	粗脂肪（%）	2.52	粗纤维（%）	0.80
食味品质					
甜度	中等	风味	中等	爽脆度	优
果皮厚度	中等				

QUN1-28

种质库编号：C0036

资源类型：自交系

材料来源：温带甜玉米群体选系

观测地点：广州市天河区

保存单位：广东省农业科学院作物研究所

特征特性：株型半紧凑；雄穗护颖黄绿色，花药黄绿色，花丝黄绿色；雌穗包被完整，果穗柱形，细长，穗行排列较整齐。

最佳采收期籽粒果皮厚度中等，甜度较高，风味较好，爽脆。

成熟后籽粒黄色，穗轴白色。

农艺性状					
株高（cm）	113.5	上位穗上叶叶长（cm）	61.2	雄穗一级分枝数	中
穗位高（cm）	29.9	上位穗上叶叶宽（cm）	6.1	雄穗长度（cm）	24.9
果穗考种特征					
穗长（cm）	11.1	穗粗（cm）	2.9	秃尖长（cm）	0.7
穗行数	10~12	行粒数	27.0	百粒重（g）	7.1
鲜籽粒主要成分					
水分（%）	70.04	淀粉（mg/g, FW）	50.66	可溶性糖（mg/g, FW）	75.65
粗蛋白（mg/g, FW）	35.07	粗脂肪（%）	3.90	粗纤维（%）	1.19
食味品质					
甜度	中等	风味	中等	爽脆度	中等
果皮厚度	中等				

SSC016

种质库编号：C0037

资源类型：自交系

材料来源：美国杂交种选系

观测地点：广州市天河区

保存单位：广东省农业科学院作物研究所

特征特性：株型平展；雄穗一级分枝少，护颖黄绿色，花药黄绿色，花丝黄绿色；雌穗包被完整，有小旗叶，果穗柱形。

最佳采收期籽粒果皮薄，甜度高，风味好，爽脆。

成熟后籽粒橘黄色，穗轴白色。

农艺性状					
株高（cm）	111.2	上位穗上叶叶长（cm）	54.9	雄穗一级分枝数	少
穗位高（cm）	24.3	上位穗上叶叶宽（cm）	7.7	雄穗长度（cm）	26.0
果穗考种特征					
穗长（cm）	9.6	穗粗（cm）	3.4	秃尖长（cm）	0
穗行数	12~14	行粒数	18.9	百粒重（g）	9.9
鲜籽粒主要成分					
水分（%）	74.45	淀粉（mg/g，FW）	30.40	可溶性糖（mg/g，FW）	74.67
粗蛋白（mg/g，FW）	38.19	粗脂肪（%）	2.46	粗纤维（%）	1.00
食味品质					
甜度	优	风味	优	爽脆度	优
果皮厚度	优				

AOT-01

种质库编号：C0038

资源类型：自交系

材料来源：美国杂交种选系

观测地点：广州市天河区

保存单位：广东省农业科学院作物研究所

特征特性：株型平展；叶片宽大；雄穗护颖黄绿色，花药黄绿色，花粉量大，花丝黄绿色，雌雄协调性好；雌穗包被完整，果穗柱形。

最佳采收期籽粒果皮厚度中等，甜度较高，风味中等，较爽脆。

成熟后籽粒橙黄色，穗轴白色。

农艺性状					
株高（cm）	134.1	上位穗上叶叶长（cm）	65.0	雄穗一级分枝数	中
穗位高（cm）	40.4	上位穗上叶叶宽（cm）	9.1	雄穗长度（cm）	26.9
果穗考种特征					
穗长（cm）	13.6	穗粗（cm）	3.9	秃尖长（cm）	1.4
穗行数	12~16	行粒数	21.0	百粒重（g）	13.2
鲜籽粒主要成分					
水分（%）	70.06	淀粉（mg/g，FW）	67.62	可溶性糖（mg/g，FW）	62.61
粗蛋白（mg/g，FW）	43.72	粗脂肪（%）	3.95	粗纤维（%）	0.78
食味品质					
甜度	中等	风味	中等	爽脆度	中等
果皮厚度	中等				

TIANZ-1

种质库编号：C0039

资源类型：自交系

材料来源：由田间变异株选育

观测地点：广州市天河区

保存单位：广东省农业科学院作物研究所

特征特性：株型紧凑；叶片宽大；雄穗护颖黄绿色，花药黄绿色，花丝黄绿色；雌穗包被完整，果穗柱形，有秃尖。最佳采收期籽粒果皮厚度中等，甜度高，风味好，爽脆。成熟后籽粒橘黄色，穗轴白色。

农艺性状					
株高（cm）	146.3	上位穗上叶叶长（cm）	62.7	雄穗一级分枝数	中
穗位高（cm）	47.1	上位穗上叶叶宽（cm）	9.0	雄穗长度（cm）	26.7
果穗考种特征					
穗长（cm）	10.4	穗粗（cm）	4.1	秃尖长（cm）	3.5
穗行数	12~14	行粒数	20.2	百粒重（g）	13.3
鲜籽粒主要成分					
水分（%）	75.06	淀粉（mg/g，FW）	31.29	可溶性糖（mg/g，FW）	68.60
粗蛋白（mg/g，FW）	36.65	粗脂肪（%）	2.74	粗纤维（%）	1.00
食味品质					
甜度	优	风味	优	爽脆度	优
果皮厚度	中等				

XINM508

种质库编号：C0041

资源类型：自交系

材料来源：中国台湾杂交种新美选系

观测地点：广州市天河区

保存单位：广东省农业科学院作物研究所

特征特性：株型平展；雄穗护颖黄绿色，花药黄绿色，花丝黄绿色；雌穗包被完整，果穗柱形。

最佳采收期籽粒果皮薄，甜度高，风味品质佳，爽脆。

成熟后籽粒橘黄色，穗轴白色。

农艺性状					
株高（cm）	141.2	上位穗上叶叶长（cm）	63.6	雄穗一级分枝数	中
穗位高（cm）	29.5	上位穗上叶叶宽（cm）	7.5	雄穗长度（cm）	24.9
果穗考种特征					
穗长（cm）	12.0	穗粗（cm）	3.6	秃尖长（cm）	0.6
穗行数	16～18	行粒数	30.1	百粒重（g）	7.8
鲜籽粒主要成分					
水分（%）	73.40	淀粉（mg/g，FW）	11.87	可溶性糖（mg/g，FW）	101.48
粗蛋白（mg/g，FW）	33.68	粗脂肪（%）	2.56	粗纤维（%）	0.78
食味品质					
甜度	优	风味	优	爽脆度	优
果皮厚度	优				

GUOQT12-1

种质库编号：C0042

资源类型：自交系

材料来源：杂交种选系

观测地点：广州市天河区

保存单位：广东省农业科学院作物研究所

特征特性：株型紧凑；雄穗护颖黄绿色，花药黄绿色，花丝黄绿色；雌穗包被完整，果穗柱形。

最佳采收期籽粒果皮较薄，甜度高，风味佳，爽脆。

成熟后籽粒橘黄色，穗轴白色。

农艺性状					
株高（cm）	165.6	上位穗上叶叶长（cm）	64.7	雄穗一级分枝数	中
穗位高（cm）	59.3	上位穗上叶叶宽（cm）	8.1	雄穗长度（cm）	29.1
果穗考种特征					
穗长（cm）	11.7	穗粗（cm）	3.9	秃尖长（cm）	0.6
穗行数	14～16	行粒数	25.8	百粒重（g）	7.8
鲜籽粒主要成分					
水分（%）	76.64	淀粉（mg/g，FW）	26.32	可溶性糖（mg/g，FW）	87.14
粗蛋白（mg/g，FW）	33.55	粗脂肪（%）	2.75	粗纤维（%）	0.77
食味品质					
甜度	优	风味	优	爽脆度	优
果皮厚度	中等				

CHAOT201

种质库编号：C0044

资源类型：自交系

材料来源：杂交种选系

观测地点：广州市天河区

保存单位：广东省农业科学院作物研究所

特征特性：株型紧凑；雄穗护颖黄绿色，花药黄绿色，花丝黄绿色；雌穗包被完整，果穗柱形。

最佳采收期籽粒果皮较薄，甜度高，风味好，较爽脆。

成熟后籽粒黄色，穗轴白色。

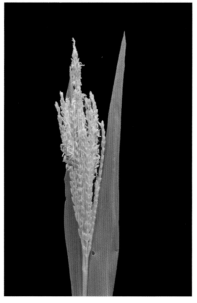

农艺性状					
株高（cm）	148.1	上位穗上叶叶长（cm）	60.7	雄穗一级分枝数	中
穗位高（cm）	60.9	上位穗上叶叶宽（cm）	8.1	雄穗长度（cm）	21.1
果穗考种特征					
穗长（cm）	11.0	穗粗（cm）	3.8	秃尖长（cm）	2.8
穗行数	12~14	行粒数	21.2	百粒重（g）	10.0
鲜籽粒主要成分					
水分（%）	74.01	淀粉（mg/g，FW）	30.28	可溶性糖（mg/g，FW）	86.65
粗蛋白（mg/g，FW）	34.19	粗脂肪（%）	2.47	粗纤维（%）	1.05
食味品质					
甜度	优	风味	优	爽脆度	中等
果皮厚度	中等				

HANG1132

种质库编号：C0048

资源类型：自交系

材料来源：由1132的变异株选育

观测地点：广州市天河区

保存单位：广东省农业科学院作物研究所

特征特性：株型半紧凑；雄穗护颖黄绿色，花药黄绿色，花丝黄绿色；雌穗包被完整，果穗柱形。

最佳采收期籽粒果皮厚度中等，甜度较高，较爽脆。

成熟后籽粒黄色，穗轴白色。

农艺性状					
株高（cm）	100.4	上位穗上叶叶长（cm）	61.3	雄穗一级分枝数	中
穗位高（cm）	36.2	上位穗上叶叶宽（cm）	7.8	雄穗长度（cm）	26.8
果穗考种特征					
穗长（cm）	10.4	穗粗（cm）	3.8	秃尖长（cm）	1.4
穗行数	14～18	行粒数	22.0	百粒重（g）	9.8
鲜籽粒主要成分					
水分（%）	73.01	淀粉（mg/g，FW）	52.12	可溶性糖（mg/g，FW）	57.57
粗蛋白（mg/g，FW）	46.45	粗脂肪（%）	2.34	粗纤维（%）	0.67
食味品质					
甜度	中等	风味	中等	爽脆度	中等
果皮厚度	中等				

HANGRIC-1

种质库编号：C0049

资源类型：自交系

材料来源：RIC-1变异系

观测地点：广州市天河区

保存单位：广东省农业科学院作物研究所

特征特性：株型半紧凑；叶色深绿；雄穗护颖黄绿色，花药黄绿色，花丝黄绿色；雌穗包被完整，果穗柱形。

最佳采收期籽粒果皮较薄，甜度高，较爽脆。

成熟后籽粒和穗轴白色。

农艺性状					
株高（cm）	120.5	上位穗上叶叶长（cm）	56.3	雄穗一级分枝数	中
穗位高（cm）	38.9	上位穗上叶叶宽（cm）	7.2	雄穗长度（cm）	23.8
果穗考种特征					
穗长（cm）	10.9	穗粗（cm）	3.4	秃尖长（cm）	0.1
穗行数	12～14	行粒数	21.1	百粒重（g）	11.5
鲜籽粒主要成分					
水分（%）	72.46	淀粉（mg/g，FW）	37.17	可溶性糖（mg/g，FW）	90.27
粗蛋白（mg/g，FW）	38.27	粗脂肪（%）	2.01	粗纤维（%）	1.15
食味品质					
甜度	优	风味	中等	爽脆度	中等
果皮厚度	中等				

GAI794

种质库编号：C0050

资源类型：自交系

材料来源：自交系794改良系

观测地点：广州市天河区

保存单位：广东省农业科学院作物研究所

特征特性：株型紧凑；叶片宽大；支持根发达；雄穗上冲，护颖黄绿色，花药黄绿色，花丝黄绿色；雌穗包被完整，果穗柱形。

最佳采收期籽粒果皮厚度中等，甜度高，较爽脆。

成熟后籽粒黄色，穗轴白色。

农艺性状					
株高（cm）	153.3	上位穗上叶叶长（cm）	43.8	雄穗一级分枝数	中
穗位高（cm）	69.8	上位穗上叶叶宽（cm）	7.5	雄穗长度（cm）	20.2
果穗考种特征					
穗长（cm）	8.7	穗粗（cm）	3.4	秃尖长（cm）	0.9
穗行数	12～16	行粒数	14.8	百粒重（g）	15.5
鲜籽粒主要成分					
水分（%）	71.65	淀粉（mg/g，FW）	41.92	可溶性糖（mg/g，FW）	84.90
粗蛋白（mg/g，FW）	38.17	粗脂肪（%）	1.84	粗纤维（%）	0.85
食味品质					
甜度	优	风味	中等	爽脆度	中等
果皮厚度	中等				

QUN2-01

种质库编号：C0051

资源类型：自交系

材料来源：温带与热带混合群体选系

观测地点：广州市天河区

保存单位：广东省农业科学院作物研究所

特征特性：株型平展；雄穗多分枝，护颖黄绿色，花药黄绿色，花丝黄绿色；雌穗包被完整，果穗柱形。

最佳采收期籽粒果皮较薄，甜度中等。

成熟后籽粒橙黄色，穗轴白色。

农艺性状					
株高（cm）	108.3	上位穗上叶叶长（cm）	60.4	雄穗一级分枝数	多
穗位高（cm）	25.6	上位穗上叶叶宽（cm）	6.9	雄穗长度（cm）	23.6
果穗考种特征					
穗长（cm）	9.2	穗粗（cm）	3.6	秃尖长（cm）	0.4
穗行数	12~14	行粒数	19.3	百粒重（g）	11.4
鲜籽粒主要成分					
水分（%）	70.85	淀粉（mg/g，FW）	54.27	可溶性糖（mg/g，FW）	72.59
粗蛋白（mg/g，FW）	45.53	粗脂肪（%）	2.74	粗纤维（%）	0.97
食味品质					
甜度	中等	风味	中等	爽脆度	中等
果皮厚度	中等				

QUN2W-02

种质库编号：C0053

资源类型：自交系

材料来源：温带与热带混合群体选系

观测地点：广州市天河区

保存单位：广东省农业科学院作物研究所

特征特性：株型半紧凑；雄穗分枝少，护颖黄绿色，花药黄绿色，花丝黄绿色；雌穗包被完整，果穗柱形。

最佳采收期籽粒果皮厚度中等，甜度较高。

成熟后籽粒黄色，穗轴白色。

农艺性状					
株高（cm）	132.9	上位穗上叶叶长（cm）	59.4	雄穗一级分枝数	少
穗位高（cm）	33.1	上位穗上叶叶宽（cm）	6.7	雄穗长度（cm）	28.5
果穗考种特征					
穗长（cm）	9.8	穗粗（cm）	3.6	秃尖长（cm）	0
穗行数	12~14	行粒数	17.8	百粒重（g）	13.2
鲜籽粒主要成分					
水分（%）	72.42	淀粉（mg/g，FW）	79.84	可溶性糖（mg/g，FW）	70.10
粗蛋白（mg/g，FW）	31.61	粗脂肪（%）	3.42	粗纤维（%）	1.04
食味品质					
甜度	中等	风味	中等	爽脆度	中等
果皮厚度	中等				

QUN1-06

种质库编号：C0054

资源类型：自交系

材料来源：温带甜玉米群体选系

观测地点：广州市天河区

保存单位：广东省农业科学院作物研究所

特征特性：株型半紧凑；叶色深绿；雄穗护颖黄绿色，花药黄绿色，花丝黄绿色；雌穗包被完整，果穗柱形。

最佳采收期籽粒果皮较薄，甜度中等。

成熟后籽粒橘黄色，穗轴白色。

农艺性状					
株高（cm）	95.6	上位穗上叶叶长（cm）	49.9	雄穗一级分枝数	少
穗位高（cm）	28.5	上位穗上叶叶宽（cm）	6.9	雄穗长度（cm）	22.4
果穗考种特征					
穗长（cm）	10.5	穗粗（cm）	3.6	秃尖长（cm）	0.8
穗行数	10~12	行粒数	18.9	百粒重（g）	12.8
鲜籽粒主要成分					
水分（%）	72.57	淀粉（mg/g，FW）	37.23	可溶性糖（mg/g，FW）	89.03
粗蛋白（mg/g，FW）	43.71	粗脂肪（%）	3.18	粗纤维（%）	1.12
食味品质					
甜度	中等	风味	中等	爽脆度	中等
果皮厚度	中等				

QUN1-07

种质库编号：C0055

资源类型：自交系

材料来源：温带甜玉米群体选系

观测地点：广州市天河区

保存单位：广东省农业科学院作物研究所

特征特性：株型半紧凑；叶片宽大；雄穗护颖黄绿色，花药黄绿色，花丝黄绿色；雌穗包被完整，果穗柱形。

最佳采收期籽粒果皮厚度中等，脆甜。

成熟后籽粒橙黄色，穗轴白色。

农艺性状					
株高（cm）	131.6	上位穗上叶叶长（cm）	59.7	雄穗一级分枝数	中
穗位高（cm）	34.3	上位穗上叶叶宽（cm）	8.3	雄穗长度（cm）	25.1
果穗考种特征					
穗长（cm）	10.7	穗粗（cm）	3.2	秃尖长（cm）	0.8
穗行数	10～12	行粒数	18.4	百粒重（g）	14.2
鲜籽粒主要成分					
水分（%）	70.53	淀粉（mg/g，FW）	48.96	可溶性糖（mg/g，FW）	81.06
粗蛋白（mg/g，FW）	47.81	粗脂肪（%）	2.41	粗纤维（%）	0.99
食味品质					
甜度	中等	风味	中等	爽脆度	优
果皮厚度	中等				

QUN1-08

种质库编号：C0056

资源类型：自交系

材料来源：温带甜玉米群体选系

观测地点：广州市天河区

保存单位：广东省农业科学院作物研究所

特征特性：株型平展；雄穗护颖黄绿色，花药黄绿色，花丝黄绿色；雌穗包被完整，果穗柱形。

乳熟期籽粒果皮薄，脆甜爽口，风味佳。

成熟后籽粒橙黄色，穗轴白色。

农艺性状					
株高（cm）	117.5	上位穗上叶叶长（cm）	46.5	雄穗一级分枝数	多
穗位高（cm）	43.4	上位穗上叶叶宽（cm）	5.8	雄穗长度（cm）	21.0
果穗考种特征					
穗长（cm）	8.7	穗粗（cm）	2.9	秃尖长（cm）	0.8
穗行数	12	行粒数	20.6	百粒重（g）	8.9
鲜籽粒主要成分					
水分（%）	73.79	淀粉（mg/g，FW）	37.99	可溶性糖（mg/g，FW）	74.51
粗蛋白（mg/g，FW）	37.15	粗脂肪（%）	2.08	粗纤维（%）	0.72
食味品质					
甜度	优	风味	优	爽脆度	优
果皮厚度	优				

QUN1-09

种质库编号：C0057

资源类型：自交系

材料来源：温带甜玉米群体选系

观测地点：广州市天河区

保存单位：广东省农业科学院作物研究所

特征特性：株型平展；叶色深绿；雄穗护颖黄绿色，花药黄绿色，花丝黄绿色；雌穗包被完整，果穗柱形。

最佳采收期籽粒果皮厚度中等，甜度较高。

成熟后籽粒黄色，穗轴白色。

农艺性状					
株高（cm）	129.0	上位穗上叶叶长（cm）	50.9	雄穗一级分枝数	中
穗位高（cm）	39.6	上位穗上叶叶宽（cm）	7.3	雄穗长度（cm）	24.2
果穗考种特征					
穗长（cm）	9.5	穗粗（cm）	3.0	秃尖长（cm）	1.1
穗行数	8～12	行粒数	17.6	百粒重（g）	11.2
鲜籽粒主要成分					
水分（%）	70.01	淀粉（mg/g，FW）	43.34	可溶性糖（mg/g，FW）	85.67
粗蛋白（mg/g，FW）	42.71	粗脂肪（%）	1.40	粗纤维（%）	1.26
食味品质					
甜度	中等	风味	中等	爽脆度	中等
果皮厚度	中等				

WANGC-01

种质库编号：C0058

资源类型：自交系

材料来源：先正达公司杂交种王朝选系

观测地点：广州市天河区

保存单位：广东省农业科学院作物研究所

特征特性：株型半紧凑；雄穗护颖黄绿色，花药黄绿色，花丝黄绿色；雌穗包被完整，果穗柱形。

最佳采收期籽粒果皮薄，甜度高，风味佳，爽脆。

成熟后籽粒黄色，穗轴白色。

农艺性状					
株高（cm）	136.9	上位穗上叶叶长（cm）	61.0	雄穗一级分枝数	中
穗位高（cm）	38.2	上位穗上叶叶宽（cm）	6.5	雄穗长度（cm）	22.9
果穗考种特征					
穗长（cm）	10.2	穗粗（cm）	3.3	秃尖长（cm）	1.3
穗行数	10～12	行粒数	18.2	百粒重（g）	13.8
鲜籽粒主要成分					
水分（%）	72.55	淀粉（mg/g，FW）	43.09	可溶性糖（mg/g，FW）	74.85
粗蛋白（mg/g，FW）	39.30	粗脂肪（%）	2.04	粗纤维（%）	1.05
食味品质					
甜度	优	风味	优	爽脆度	优
果皮厚度	优				

CHAOYH

种质库编号：C0059

资源类型：自交系

材料来源：杂交种选系

观测地点：广州市天河区

保存单位：广东省农业科学院作物研究所

特征特性：株型半紧凑；雄穗护颖黄绿色，花药黄绿色，花粉量小，花丝黄绿色；雌穗包被完整，果穗柱形，穗行不整齐。

最佳采收期籽粒甜度和风味中等，较爽脆。

成熟后籽粒黄色，穗轴白色。

农艺性状					
株高（cm）	138.3	上位穗上叶叶长（cm）	63.3	雄穗一级分枝数	中
穗位高（cm）	27.3	上位穗上叶叶宽（cm）	6.6	雄穗长度（cm）	26.9
果穗考种特征					
穗长（cm）	11.4	穗粗（cm）	3.0	秃尖长（cm）	0.9
穗行数	12～14	行粒数	24.0	百粒重（g）	6.7
鲜籽粒主要成分					
水分（%）	68.55	淀粉（mg/g，FW）	50.07	可溶性糖（mg/g，FW）	75.76
粗蛋白（mg/g，FW）	42.58	粗脂肪（%）	2.31	粗纤维（%）	1.33
食味品质					
甜度	中等	风味	中等	爽脆度	中等
果皮厚度	中等				

AOT-02

种质库编号：C0060

资源类型：自交系

材料来源：美国杂交种选系

观测地点：广州市天河区

保存单位：广东省农业科学院作物研究所

特征特性：株型半紧凑；雄穗护颖黄绿色，花药黄绿色，花丝黄绿色；雌穗包被完整，果穗柱形。

最佳采收期籽粒甜度高，风味好，爽脆。

成熟后籽粒黄色，穗轴白色。

农艺性状					
株高（cm）	108.3	上位穗上叶叶长（cm）	61.2	雄穗一级分枝数	少
穗位高（cm）	34.0	上位穗上叶叶宽（cm）	7.7	雄穗长度（cm）	27.9
果穗考种特征					
穗长（cm）	13.6	穗粗（cm）	3.4	秃尖长（cm）	1.9
穗行数	10~12	行粒数	23.6	百粒重（g）	11.8
鲜籽粒主要成分					
水分（%）	73.30	淀粉（mg/g，FW）	32.60	可溶性糖（mg/g，FW）	80.93
粗蛋白（mg/g，FW）	40.83	粗脂肪（%）	1.50	粗纤维（%）	0.93
食味品质					
甜度	优	风味	优	爽脆度	优
果皮厚度	中等				

JINH1H

种质库编号：C0061

资源类型：自交系

材料来源：泰国杂交种金煌1号选系

观测地点：广州市天河区

保存单位：广东省农业科学院作物研究所

特征特性：株型平展，叶色深绿；雄穗护颖黄绿色，花药黄绿色，花粉量小，花丝黄绿色；雌穗包被完整，有副穗，果穗柱形，有秃尖。

最佳采收期籽粒甜度和风味中等，爽脆。

成熟后籽粒橙黄色，穗轴白色。

农艺性状					
株高（cm）	134.0	上位穗上叶叶长（cm）	68.5	雄穗一级分枝数	中
穗位高（cm）	39.7	上位穗上叶叶宽（cm）	8.5	雄穗长度（cm）	28.6
果穗考种特征					
穗长（cm）	11.3	穗粗（cm）	3.8	秃尖长（cm）	1.7
穗行数	14	行粒数	22.7	百粒重（g）	9.6
鲜籽粒主要成分					
水分（%）	73.66	淀粉（mg/g，FW）	45.12	可溶性糖（mg/g，FW）	73.92
粗蛋白（mg/g，FW）	39.79	粗脂肪（%）	1.83	粗纤维（%）	1.04
食味品质					
甜度	中等	风味	中等	爽脆度	优
果皮厚度	中等				

GUOQT12-2

种质库编号：C0062

资源类型：自交系

材料来源：杂交种选系

观测地点：广州市天河区

保存单位：广东省农业科学院作物研究所

特征特性：植株较高，株型半紧凑；叶片宽大；支持根发达，雄穗护颖黄绿色，花药黄绿色，花丝黄绿色；雌穗包被完整，果穗柱形，有秃尖。

最佳采收期籽粒甜度高，风味好，爽脆。

成熟后籽粒橘黄色，穗轴白色。

农艺性状					
株高（cm）	176.5	上位穗上叶叶长（cm）	75.5	雄穗一级分枝数	多
穗位高（cm）	69.5	上位穗上叶叶宽（cm）	9.5	雄穗长度（cm）	27.6
果穗考种特征					
穗长（cm）	13.4	穗粗（cm）	4.3	秃尖长（cm）	3.9
穗行数	12～14	行粒数	21.9	百粒重（g）	12.0
鲜籽粒主要成分					
水分（%）	75.71	淀粉（mg/g，FW）	26.91	可溶性糖（mg/g，FW）	73.76
粗蛋白（mg/g，FW）	35.20	粗脂肪（%）	1.46	粗纤维（%）	1.01
食味品质					
甜度	优	风味	优	爽脆度	优
果皮厚度	中等				

QUOQT12-3

种质库编号：C0063

资源类型：自交系

材料来源：杂交种选系

观测地点：广州市天河区

保存单位：广东省农业科学院作物研究所

特征特性：植株较高，株型紧凑上冲；叶片宽大；支持根发达；雄穗紧凑上冲，护颖黄绿色，花药黄绿色，花丝黄绿色；雌穗包被完整，果穗柱形。

最佳采收期籽粒甜度高，风味好，爽脆。

成熟后籽粒橘黄色，穗轴白色。

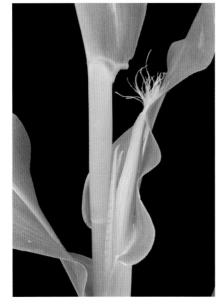

农艺性状					
株高（cm）	146.5	上位穗上叶叶长（cm）	61.1	雄穗一级分枝数	多
穗位高（cm）	62.9	上位穗上叶叶宽（cm）	7.8	雄穗长度（cm）	21.3
果穗考种特征					
穗长（cm）	11.3	穗粗（cm）	3.6	秃尖长（cm）	1.7
穗行数	12～14	行粒数	23.8	百粒重（g）	9.2
鲜籽粒主要成分					
水分（%）	75.72	淀粉（mg/g，FW）	33.24	可溶性糖（mg/g，FW）	82.61
粗蛋白（mg/g，FW）	32.63	粗脂肪（%）	1.35	粗纤维（%）	1.04
食味品质					
甜度	优	风味	优	爽脆度	优
果皮厚度	中等				

GLAY10H-1

种质库编号：C0064

资源类型：自交系

材料来源：美国杂交种选系

观测地点：广州市天河区

保存单位：广东省农业科学院作物研究所

特征特性：植株矮，株型半紧凑；叶片窄；雄穗护颖黄绿色，花药黄绿色，花丝黄绿色；雌穗包被完整，果穗柱形，穗行排列不整齐。

最佳采收期籽粒果皮较薄，爽脆，甜度和风味中等。

成熟后籽粒黄色，穗轴白色。

农艺性状					
株高（cm）	92.7	上位穗上叶叶长（cm）	65.1	雄穗一级分枝数	少
穗位高（cm）	21.8	上位穗上叶叶宽（cm）	4.9	雄穗长度（cm）	25.0
果穗考种特征					
穗长（cm）	9.5	穗粗（cm）	2.9	秃尖长（cm）	0.6
穗行数	12~14	行粒数	17.3	百粒重（g）	8.9
鲜籽粒主要成分					
水分（%）	71.86	淀粉（mg/g，FW）	37.65	可溶性糖（mg/g，FW）	89.42
粗蛋白（mg/g，FW）	33.91	粗脂肪（%）	2.21	粗纤维（%）	1.11
食味品质					
甜度	中等	风味	中等	爽脆度	优
果皮厚度	中等				

ZENGY153-1

种质库编号：C0065

资源类型：自交系

材料来源：泰国甜玉米群体选系

观测地点：广州市天河区

保存单位：广东省农业科学院作物研究所

特征特性：幼苗叶色浅绿。株型半紧凑；雄穗大，护颖黄绿色，花药黄绿色，花粉量大，花丝黄绿色，雌雄协调性好；雌穗包被完整，果穗柱形。

最佳采收期籽粒甜度中等，较爽脆。

成熟后籽粒黄色，穗轴白色。

农艺性状					
株高（cm）	163.1	上位穗上叶叶长（cm）	72.8	雄穗一级分枝数	中
穗位高（cm）	49.1	上位穗上叶叶宽（cm）	8.4	雄穗长度（cm）	27.5
果穗考种特征					
穗长（cm）	10.8	穗粗（cm）	3.9	秃尖长（cm）	0.7
穗行数	12~16	行粒数	27.7	百粒重（g）	8.8
鲜籽粒主要成分					
水分（%）	68.68	淀粉（mg/g，FW）	75.66	可溶性糖（mg/g，FW）	83.91
粗蛋白（mg/g，FW）	47.86	粗脂肪（%）	2.69	粗纤维（%）	1.29
食味品质					
甜度	中等	风味	中等	爽脆度	中等
果皮厚度	中等				

QX331H

种质库编号：C0067

资源类型：自交系

材料来源：甜玉米群体选系

观测地点：广州市天河区

保存单位：广东省农业科学院作物研究所

特征特性：株型半紧凑；叶片宽大；雄穗护颖黄绿色，花药黄绿色，花粉量小，花丝黄绿色；雌穗包被完整，有副穗，果穗柱形，短粗，乳熟期易出现裂粒。

最佳采收期籽粒甜度和风味中等，较爽脆。

成熟后籽粒黄色，穗轴白色。

农艺性状					
株高（cm）	130.5	上位穗上叶叶长（cm）	50.9	雄穗一级分枝数	中
穗位高（cm）	38.9	上位穗上叶叶宽（cm）	8.2	雄穗长度（cm）	22.8
果穗考种特征					
穗长（cm）	8.3	穗粗（cm）	3.6	秃尖长（cm）	0.9
穗行数	12～14	行粒数	14.7	百粒重（g）	12.7
鲜籽粒主要成分					
水分（%）	—	淀粉（mg/g，FW）	—	可溶性糖（mg/g，FW）	—
粗蛋白（mg/g，FW）	—	粗脂肪（%）	—	粗纤维（%）	—
食味品质					
甜度	中等	风味	中等	爽脆度	中等
果皮厚度	中等				

QX331W

种质库编号：C0068

资源类型：自交系

材料来源：甜玉米群体选系

观测地点：广州市天河区

保存单位：广东省农业科学院作物研究所

特征特性：植株细高，节间长，株型半紧凑；雄穗护颖黄绿色，花药黄绿色，花丝黄绿色；雌穗包被完整，果穗柱形。

最佳采收期籽粒果皮薄，甜度中等，风味好，爽脆。

成熟后籽粒和穗轴均为白色。

农艺性状					
株高（cm）	139.9	上位穗上叶叶长（cm）	57.5	雄穗一级分枝数	少
穗位高（cm）	33.0	上位穗上叶叶宽（cm）	6.8	雄穗长度（cm）	29.0
果穗考种特征					
穗长（cm）	8.6	穗粗（cm）	3.3	秃尖长（cm）	0
穗行数	10~12	行粒数	16.5	百粒重（g）	14.0
鲜籽粒主要成分					
水分（%）	75.31	淀粉（mg/g，FW）	23.63	可溶性糖（mg/g，FW）	74.88
粗蛋白（mg/g，FW）	36.35	粗脂肪（%）	1.66	粗纤维（%）	1.12
食味品质					
甜度	中等	风味	优	爽脆度	优
果皮厚度	优				

QUNR-02

种质库编号：C0069

资源类型：自交系

材料来源：温带与热带混合群体选系

观测地点：广州市天河区

保存单位：广东省农业科学院作物研究所

特征特性：株型半紧凑；雄穗护颖黄绿色，花药黄绿色，花丝黄绿色；雌穗包被完整，有副穗，果穗柱形，短粗。

最佳采收期籽粒食味品质中等。

成熟后籽粒黄色，着色不均匀，穗轴白色。

农艺性状					
株高（cm）	135.3	上位穗上叶叶长（cm）	65.1	雄穗一级分枝数	中
穗位高（cm）	50.5	上位穗上叶叶宽（cm）	7.7	雄穗长度（cm）	24.3
果穗考种特征					
穗长（cm）	9.4	穗粗（cm）	3.9	秃尖长（cm）	0.9
穗行数	12~14	行粒数	20.4	百粒重（g）	13.7
鲜籽粒主要成分					
水分（%）	70.22	淀粉（mg/g，FW）	67.25	可溶性糖（mg/g，FW）	97.16
粗蛋白（mg/g，FW）	39.55	粗脂肪（%）	2.18	粗纤维（%）	0.84
食味品质					
甜度	中等	风味	中等	爽脆度	中等
果皮厚度	中等				

QUN2-03

种质库编号：C0070

资源类型：自交系

材料来源：温带与热带混合群体选系

观测地点：广州市天河区

保存单位：广东省农业科学院作物研究所

特征特性：株型平展；雄穗小穗多，护颖黄绿色，花药黄绿色，花粉量大，花丝黄绿色；雌穗包被完整，果穗柱形。

最佳采收期籽粒甜度和风味较差，较爽脆。

成熟后籽粒橙黄色，穗轴白色。

农艺性状					
株高（cm）	141.7	上位穗上叶叶长（cm）	62.6	雄穗一级分枝数	中
穗位高（cm）	52.3	上位穗上叶叶宽（cm）	6.1	雄穗长度（cm）	24.0
果穗考种特征					
穗长（cm）	9.0	穗粗（cm）	3.6	秃尖长（cm）	0.3
穗行数	12~14	行粒数	19.7	百粒重（g）	9.0
鲜籽粒主要成分					
水分（%）	73.48	淀粉（mg/g，FW）	66.16	可溶性糖（mg/g，FW）	49.98
粗蛋白（mg/g，FW）	42.10	粗脂肪（%）	3.47	粗纤维（%）	0.97
食味品质					
甜度	差	风味	差	爽脆度	中等
果皮厚度	中等				

QUN2-04

种质库编号：C0071

资源类型：自交系

材料来源：温带与热带混合群体选系

观测地点：广州市天河区

保存单位：广东省农业科学院作物研究所

特征特性：株型平展；雄穗护颖黄绿色，花药黄绿色，花粉量小，花丝黄绿色；雌穗包被完整，果穗柱形，穗行整齐。

最佳采收期籽粒果皮薄，甜度中等，爽脆度高。

成熟后籽粒黄色，穗轴白色。

农艺性状					
株高（cm）	123.5	上位穗上叶叶长（cm）	57.5	雄穗一级分枝数	中
穗位高（cm）	43.9	上位穗上叶叶宽（cm）	6.7	雄穗长度（cm）	21.6
果穗考种特征					
穗长（cm）	9.9	穗粗（cm）	3.7	秃尖长（cm）	0.5
穗行数	14～16	行粒数	19.8	百粒重（g）	12.0
鲜籽粒主要成分					
水分（%）	73.82	淀粉（mg/g，FW）	42.24	可溶性糖（mg/g，FW）	72.27
粗蛋白（mg/g，FW）	30.01	粗脂肪（%）	3.41	粗纤维（%）	0.56
食味品质					
甜度	中等	风味	中等	爽脆度	优
果皮厚度	优				

QUN2-05

种质库编号：C0072

资源类型：自交系

材料来源：温带与热带混合群体选系

观测地点：广州市天河区

保存单位：广东省农业科学院作物研究所

特征特性：株型半紧凑；雄穗护颖黄绿色，花药黄绿色，花丝黄绿色；雌穗包被完整，果穗柱形。

最佳采收期籽粒食味品质中等。

成熟后籽粒橙黄色，穗轴白色。

农艺性状					
株高（cm）	139.2	上位穗上叶叶长（cm）	67.7	雄穗一级分枝数	少
穗位高（cm）	41.8	上位穗上叶叶宽（cm）	8.3	雄穗长度（cm）	24.0
果穗考种特征					
穗长（cm）	11.2	穗粗（cm）	3.9	秃尖长（cm）	0.3
穗行数	14~16	行粒数	20.3	百粒重（g）	12.5
鲜籽粒主要成分					
水分（%）	71.06	淀粉（mg/g，FW）	42.29	可溶性糖（mg/g，FW）	69.39
粗蛋白（mg/g，FW）	47.33	粗脂肪（%）	3.06	粗纤维（%）	0.69
食味品质					
甜度	中等	风味	中等	爽脆度	中等
果皮厚度	中等				

QUN2-06

种质库编号：C0073

资源类型：自交系

材料来源：温带与热带混合群体选系

观测地点：广州市天河区

保存单位：广东省农业科学院作物研究所

特征特性：株型半紧凑；雄穗护颖黄绿色，花药黄绿色，花丝黄绿色；雌穗包被完整，果穗柱形。

最佳采收期籽粒食味品质中等，爽脆。

成熟后籽粒橙黄色，穗轴白色。

农艺性状					
株高（cm）	140.7	上位穗上叶叶长（cm）	60.7	雄穗一级分枝数	中
穗位高（cm）	42.7	上位穗上叶叶宽（cm）	6.4	雄穗长度（cm）	24.7
果穗考种特征					
穗长（cm）	9.6	穗粗（cm）	3.8	秃尖长（cm）	0.4
穗行数	12～14	行粒数	21.5	百粒重（g）	13.6
鲜籽粒主要成分					
水分（%）	73.62	淀粉（mg/g, FW）	44.76	可溶性糖（mg/g, FW）	86.82
粗蛋白（mg/g, FW）	30.38	粗脂肪（%）	1.94	粗纤维（%）	0.64
食味品质					
甜度	中等	风味	中等	爽脆度	优
果皮厚度	中等				

QUN1-10

种质库编号：C0074

资源类型：自交系

材料来源：温带与热带混合群体选系

观测地点：广州市天河区

保存单位：广东省农业科学院作物研究所

特征特性：株型半紧凑；雄穗护颖黄绿色，花药黄绿色，花丝黄绿色；雌穗包被完整，果穗柱形，有秃尖。

最佳采收期籽粒果皮厚度中等，甜度高，风味好，较爽脆。

成熟后籽粒黄色，穗轴白色。

农艺性状					
株高（cm）	151.7	上位穗上叶叶长（cm）	70.6	雄穗一级分枝数	中
穗位高（cm）	44.9	上位穗上叶叶宽（cm）	6.7	雄穗长度（cm）	28.0
果穗考种特征					
穗长（cm）	11.0	穗粗（cm）	3.7	秃尖长（cm）	1.8
穗行数	12~14	行粒数	19.0	百粒重（g）	12.4
鲜籽粒主要成分					
水分（%）	72.05	淀粉（mg/g，FW）	41.79	可溶性糖（mg/g，FW）	75.88
粗蛋白（mg/g，FW）	42.33	粗脂肪（%）	3.12	粗纤维（%）	0.91
食味品质					
甜度	优	风味	优	爽脆度	中等
果皮厚度	中等				

MH70-01

种质库编号：C0075

资源类型：自交系

材料来源：美国MH70杂交种选育的DH系

观测地点：广州市天河区

保存单位：广东省农业科学院作物研究所

特征特性：株型平展；雄穗护颖黄绿色，花药黄绿色，花粉量小，花丝黄绿色；雌穗包被完整，果穗柱形，有秃尖。

最佳采收期籽粒食味品质优，果皮厚度中等。

成熟后籽粒黄色，穗轴白色。

农艺性状					
株高（cm）	160.0	上位穗上叶叶长（cm）	62.5	雄穗一级分枝数	少
穗位高（cm）	40.9	上位穗上叶叶宽（cm）	7.4	雄穗长度（cm）	29.3
果穗考种特征					
穗长（cm）	12.8	穗粗（cm）	4.0	秃尖长（cm）	2.9
穗行数	12~14	行粒数	22.2	百粒重（g）	13.8
鲜籽粒主要成分					
水分（%）	72.51	淀粉（mg/g, FW）	40.87	可溶性糖（mg/g, FW）	75.73
粗蛋白（mg/g, FW）	36.54	粗脂肪（%）	3.16	粗纤维（%）	0.85
食味品质					
甜度	优	风味	优	爽脆度	优
果皮厚度	中等				

QUN2-07

种质库编号：C0076

资源类型：自交系

材料来源：温带与热带混合群体选系

观测地点：广州市天河区

保存单位：广东省农业科学院作物研究所

特征特性：幼苗叶色深绿。株型紧凑，叶片宽大；雄穗护颖黄绿色，花药黄绿色，花丝黄绿色；雌穗包被完整，果穗柱形。最佳采收期籽粒甜度和果皮厚度中等，风味好，爽脆度高。成熟后籽粒和穗轴均为白色。

农艺性状					
株高（cm）	131.8	上位穗上叶叶长（cm）	59.4	雄穗一级分枝数	中
穗位高（cm）	37.9	上位穗上叶叶宽（cm）	8.9	雄穗长度（cm）	26.9
果穗考种特征					
穗长（cm）	10.6	穗粗（cm）	3.5	秃尖长（cm）	0.7
穗行数	12～14	行粒数	24.6	百粒重（g）	9.1
鲜籽粒主要成分					
水分（%）	73.65	淀粉（mg/g，FW）	30.95	可溶性糖（mg/g，FW）	77.09
粗蛋白（mg/g，FW）	45.36	粗脂肪（%）	3.35	粗纤维（%）	0.75
食味品质					
甜度	中等	风味	优	爽脆度	优
果皮厚度	中等				

MEILYM6

种质库编号：C0077

资源类型：自交系

材料来源：美国杂交种选系

观测地点：广州市天河区

保存单位：广东省农业科学院作物研究所

特征特性：幼苗叶色深绿。株型半紧凑；雄穗护颖黄绿色，花药黄绿色，花丝黄绿色，雌雄协调性差；雌穗双穗率高，包被完整，有旗叶，果穗柱形。

最佳采收期籽粒食味品质中等。

成熟后籽粒黄色，穗轴白色。

农艺性状					
株高（cm）	124.7	上位穗上叶叶长（cm）	63.1	雄穗一级分枝数	中
穗位高（cm）	44.7	上位穗上叶叶宽（cm）	6.9	雄穗长度（cm）	23.3
果穗考种特征					
穗长（cm）	9.4	穗粗（cm）	3.1	秃尖长（cm）	1.5
穗行数	12~14	行粒数	16.1	百粒重（g）	8.3
鲜籽粒主要成分					
水分（%）	71.45	淀粉（mg/g，FW）	28.35	可溶性糖（mg/g，FW）	62.96
粗蛋白（mg/g，FW）	49.90	粗脂肪（%）	3.55	粗纤维（%）	0.62
食味品质					
甜度	中等	风味	中等	爽脆度	中等
果皮厚度	中等				

HUAZ-04

种质库编号：C0078

资源类型：自交系

材料来源：中国台湾杂交种华珍选系

观测地点：广州市天河区

保存单位：广东省农业科学院作物研究所

特征特性：株型平展；雄穗披散，护颖黄绿色，花药黄绿色，花丝黄绿色；雌穗双穗率高，包被完整，有旗叶，果穗柱形。

最佳采收期籽粒果皮薄，甜度高，风味佳，爽脆。

成熟后籽粒橘黄色，穗轴白色。

农艺性状					
株高（cm）	132.2	上位穗上叶叶长（cm）	58.0	雄穗一级分枝数	多
穗位高（cm）	36.7	上位穗上叶叶宽（cm）	8.1	雄穗长度（cm）	28.3
果穗考种特征					
穗长（cm）	10.8	穗粗（cm）	3.6	秃尖长（cm）	0.4
穗行数	16～18	行粒数	21.8	百粒重（g）	8.4
鲜籽粒主要成分					
水分（%）	—	淀粉（mg/g，FW）	—	可溶性糖（mg/g，FW）	—
粗蛋白（mg/g，FW）	—	粗脂肪（%）	—	粗纤维（%）	—
食味品质					
甜度	优	风味	优	爽脆度	优
果皮厚度	优				

HUAZ-05

种质库编号：C0079

资源类型：自交系

材料来源：中国台湾杂交种华珍选系

观测地点：广州市天河区

保存单位：广东省农业科学院作物研究所

特征特性：株型平展；雄穗披散，护颖黄绿色，花药黄绿色，花丝黄绿色；雌穗双穗率高，包被完整，有旗叶，果穗柱形，穗行整齐。

最佳采收期籽粒食味品质优，果皮薄，甜度高，风味佳，爽脆度高。

成熟后籽粒橘黄色，穗轴白色。

农艺性状					
株高（cm）	124.3	上位穗上叶叶长（cm）	66.8	雄穗一级分枝数	多
穗位高（cm）	23.5	上位穗上叶叶宽（cm）	7.3	雄穗长度（cm）	24.7
果穗考种特征					
穗长（cm）	10.3	穗粗（cm）	3.8	秃尖长（cm）	0.4
穗行数	14~16	行粒数	19.7	百粒重（g）	12.7
鲜籽粒主要成分					
水分（%）	72.62	淀粉（mg/g，FW）	33.26	可溶性糖（mg/g，FW）	102.09
粗蛋白（mg/g，FW）	31.76	粗脂肪（%）	2.83	粗纤维（%）	0.42
食味品质					
甜度	优	风味	优	爽脆度	优
果皮厚度	优				

TAIY-06

种质库编号：C0085

资源类型：自交系

材料来源：泰国杂交种选系

观测地点：广州市天河区

保存单位：广东省农业科学院作物研究所

特征特性：株型半紧凑；雄穗护颖黄绿色，花药黄绿色，花丝黄绿色；易倒伏；雌穗包被完整，有旗叶，果穗柱形。

最佳采收期籽粒食味品质中等。

成熟后籽粒黄色，穗轴白色。

农艺性状					
株高（cm）	156.1	上位穗上叶叶长（cm）	78.7	雄穗一级分枝数	中
穗位高（cm）	50.8	上位穗上叶叶宽（cm）	7.7	雄穗长度（cm）	29.8
果穗考种特征					
穗长（cm）	11.5	穗粗（cm）	3.7	秃尖长（cm）	1.5
穗行数	12~14	行粒数	21.4	百粒重（g）	12.2
鲜籽粒主要成分					
水分（%）	—	淀粉（mg/g，FW）	—	可溶性糖（mg/g，FW）	—
粗蛋白（mg/g，FW）	—	粗脂肪（%）	—	粗纤维（%）	—
食味品质					
甜度	中等	风味	中等	爽脆度	中等
果皮厚度	中等				

HSC083-01

种质库编号：C0086

资源类型：自交系

材料来源：美国杂交种选系

观测地点：广州市天河区

保存单位：广东省农业科学院作物研究所

特征特性：株型半紧凑；雄穗护颖黄绿色，花药黄绿色，花丝黄绿色；雌穗包被完整，果穗柱形，穗行不整齐。

最佳采收期籽粒食味品质中等。

成熟后籽粒橙黄色，穗轴白色。

农艺性状					
株高（cm）	106.1	上位穗上叶叶长（cm）	61.4	雄穗一级分枝数	中
穗位高（cm）	28.1	上位穗上叶叶宽（cm）	7.2	雄穗长度（cm）	21.4
果穗考种特征					
穗长（cm）	10.9	穗粗（cm）	3.5	秃尖长（cm）	1.1
穗行数	12~14	行粒数	20.8	百粒重（g）	12.8
鲜籽粒主要成分					
水分（%）	70.63	淀粉（mg/g，FW）	39.02	可溶性糖（mg/g，FW）	71.55
粗蛋白（mg/g，FW）	44.20	粗脂肪（%）	2.33	粗纤维（%）	1.18
食味品质					
甜度	中等	风味	中等	爽脆度	中等
果皮厚度	中等				

HSC083-02

种质库编号：C0087

资源类型：自交系

材料来源：美国杂交种选系

观测地点：广州市天河区

保存单位：广东省农业科学院作物研究所

特征特性：株型紧凑，叶片宽大；雄穗护颖黄绿色，花药黄绿色，花丝黄绿色；雌穗包被完整，果穗柱形。

最佳采收期籽粒食味品质中等。

成熟后籽粒白色，穗轴白色。

农艺性状					
株高（cm）	114.0	上位穗上叶叶长（cm）	55.9	雄穗一级分枝数	中
穗位高（cm）	43.9	上位穗上叶叶宽（cm）	9.3	雄穗长度（cm）	21.7
果穗考种特征					
穗长（cm）	11.8	穗粗（cm）	3.5	秃尖长（cm）	0.7
穗行数	8~12	行粒数	22.2	百粒重（g）	12.4
鲜籽粒主要成分					
水分（%）	74.70	淀粉（mg/g，FW）	42.36	可溶性糖（mg/g，FW）	75.94
粗蛋白（mg/g，FW）	38.47	粗脂肪（%）	1.94	粗纤维（%）	0.96
食味品质					
甜度	中等	风味	中等	爽脆度	中等
果皮厚度	中等				

JINY08-W

种质库编号：C0088

资源类型：自交系

材料来源：杂交种选系

观测地点：广州市天河区

保存单位：广东省农业科学院作物研究所

特征特性：株型紧凑；雄穗护颖黄绿色，花药黄绿色，花丝黄绿色；雌穗包被完整，果穗柱形。

最佳采收期籽粒食味品质中等，爽脆度高。

成熟后籽粒白色，穗轴白色。

农艺性状					
株高（cm）	110.5	上位穗上叶叶长（cm）	57.2	雄穗一级分枝数	中
穗位高（cm）	37.5	上位穗上叶叶宽（cm）	8.3	雄穗长度（cm）	21.0
果穗考种特征					
穗长（cm）	11.4	穗粗（cm）	3.3	秃尖长（cm）	0.4
穗行数	10	行粒数	20.2	百粒重（g）	13.2
鲜籽粒主要成分					
水分（%）	72.70	淀粉（mg/g，FW）	35.58	可溶性糖（mg/g，FW）	73.81
粗蛋白（mg/g，FW）	40.32	粗脂肪（%）	1.89	粗纤维（%）	0.87
食味品质					
甜度	中等	风味	中等	爽脆度	优
果皮厚度	中等				

TIANM6

种质库编号：C0089

资源类型：自交系

材料来源：杂交种田蜜6号选系

观测地点：广州市天河区

保存单位：广东省农业科学院作物研究所

特征特性：株型半紧凑；雄穗护颖黄绿色，花药黄绿色，花丝黄绿色；雌穗包被完整，果穗柱形。

最佳采收期籽粒食味品质中等，爽脆度高。

成熟后籽粒和穗轴均为白色。

农艺性状					
株高（cm）	138.1	上位穗上叶叶长（cm）	67.3	雄穗一级分枝数	中
穗位高（cm）	36.9	上位穗上叶叶宽（cm）	5.8	雄穗长度（cm）	30.2
果穗考种特征					
穗长（cm）	7.9	穗粗（cm）	3.7	秃尖长（cm）	0.2
穗行数	12～14	行粒数	16.5	百粒重（g）	9.3
鲜籽粒主要成分					
水分（%）	74.72	淀粉（mg/g，FW）	35.76	可溶性糖（mg/g，FW）	73.26
粗蛋白（mg/g，FW）	37.85	粗脂肪（%）	1.96	粗纤维（%）	0.92
食味品质					
甜度	中等	风味	中等	爽脆度	优
果皮厚度	中等				

HUANGJ15-1

种质库编号：C0090

资源类型：自交系

材料来源：杂交种黄金15选系

观测地点：广州市天河区

保存单位：广东省农业科学院作物研究所

特征特性：幼苗叶色深绿。株型半紧凑；雄穗护颖黄绿色，花药黄绿色，花丝黄绿色；雌穗包被完整，果穗柱形。

最佳采收期籽粒甜度高，爽脆。

成熟后籽粒黄色，穗轴白色。

农艺性状					
株高（cm）	97.4	上位穗上叶叶长（cm）	44.4	雄穗一级分枝数	中
穗位高（cm）	25.7	上位穗上叶叶宽（cm）	6.8	雄穗长度（cm）	21.8
果穗考种特征					
穗长（cm）	7.8	穗粗（cm）	3.3	秃尖长（cm）	1.0
穗行数	10~14	行粒数	16.0	百粒重（g）	13.3
鲜籽粒主要成分					
水分（%）	74.83	淀粉（mg/g，FW）	51.76	可溶性糖（mg/g，FW）	72.04
粗蛋白（mg/g，FW）	35.14	粗脂肪（%）	1.79	粗纤维（%）	0.77
食味品质					
甜度	优	风味	中等	爽脆度	优
果皮厚度	中等				

TAIY-07

种质库编号：C0091

资源类型：自交系

材料来源：泰国杂交种选系

观测地点：广州市天河区

保存单位：广东省农业科学院作物研究所

特征特性：株型半紧凑；叶色浓绿；雄穗护颖黄绿色，花药黄绿色，花丝黄绿色；雌穗包被完整，果穗柱形，穗行整齐，有秃尖。

最佳采收期籽粒食味品质中等。

成熟后籽粒黄色，穗轴白色。

农艺性状					
株高（cm）	105.1	上位穗上叶叶长（cm）	62.3	雄穗一级分枝数	中
穗位高（cm）	30.8	上位穗上叶叶宽（cm）	7.5	雄穗长度（cm）	27.9
果穗考种特征					
穗长（cm）	11.5	穗粗（cm）	3.5	秃尖长（cm）	2.1
穗行数	12~14	行粒数	19.1	百粒重（g）	13.5
鲜籽粒主要成分					
水分（%）	69.41	淀粉（mg/g，FW）	25.66	可溶性糖（mg/g，FW）	73.73
粗蛋白（mg/g，FW）	45.24	粗脂肪（%）	1.57	粗纤维（%）	0.86
食味品质					
甜度	中等	风味	中等	爽脆度	中等
果皮厚度	中等				

TAIY-08

种质库编号：C0092

资源类型：自交系

材料来源：泰国杂交种选系

观测地点：广州市天河区

保存单位：广东省农业科学院作物研究所

特征特性：株型平展；雄穗披散，护颖黄绿色，花药黄绿色，花丝黄绿色；雌穗包被完整，有长旗叶，果穗柱形，穗行不整齐。

最佳采收期籽粒甜度高，爽脆。

成熟后籽粒乳白色，穗轴白色。

农艺性状					
株高（cm）	155.3	上位穗上叶叶长（cm）	77.1	雄穗一级分枝数	中
穗位高（cm）	45.4	上位穗上叶叶宽（cm）	5.7	雄穗长度（cm）	29.9
果穗考种特征					
穗长（cm）	9.3	穗粗（cm）	3.4	秃尖长（cm）	0.8
穗行数	10～12	行粒数	17.0	百粒重（g）	12.0
鲜籽粒主要成分					
水分（%）	69.27	淀粉（mg/g，FW）	78.91	可溶性糖（mg/g，FW）	49.38
粗蛋白（mg/g，FW）	40.56	粗脂肪（%）	3.18	粗纤维（%）	0.92
食味品质					
甜度	优	风味	中等	爽脆度	优
果皮厚度	中等				

HIB51-01

种质库编号：C0094

资源类型：自交系

材料来源：泰国杂交种选系

观测地点：广州市天河区

保存单位：广东省农业科学院作物研究所

特征特性：株型半紧凑；雄穗护颖黄绿色，花药黄绿色，花丝黄绿色；雌穗包被完整，果穗柱形。

最佳采收期籽粒着色不均匀，食味品质中等。

成熟后籽粒橘黄色，穗轴白色。

农艺性状					
株高（cm）	153.7	上位穗上叶叶长（cm）	64.4	雄穗一级分枝数	中
穗位高（cm）	55.0	上位穗上叶叶宽（cm）	7.3	雄穗长度（cm）	28.1
果穗考种特征					
穗长（cm）	11.0	穗粗（cm）	3.6	秃尖长（cm）	1.5
穗行数	14	行粒数	15.5	百粒重（g）	13.5
鲜籽粒主要成分					
水分（%）	72.26	淀粉（mg/g，FW）	30.39	可溶性糖（mg/g，FW）	107.88
粗蛋白（mg/g，FW）	27.39	粗脂肪（%）	1.76	粗纤维（%）	0.95
食味品质					
甜度	中等	风味	中等	爽脆度	中等
果皮厚度	中等				

HUBY-5-01

种质库编号：C0096

资源类型：自交系

材料来源：杂交种选系

观测地点：广州市天河区

保存单位：广东省农业科学院作物研究所

特征特性：株型半紧凑；雄穗护颖黄绿色，花药黄绿色，花丝黄绿色；雌穗包被完整，果穗柱形。

最佳采收期籽粒食味品质优，甜度高，果皮薄，风味佳，爽脆。

成熟后籽粒白色，穗轴白色。

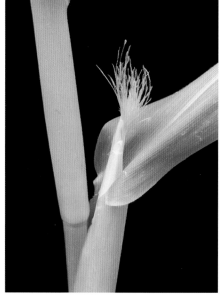

农艺性状					
株高（cm）	112.7	上位穗上叶叶长（cm）	55.8	雄穗一级分枝数	中
穗位高（cm）	33.6	上位穗上叶叶宽（cm）	8.1	雄穗长度（cm）	24.3
果穗考种特征					
穗长（cm）	10.6	穗粗（cm）	3.5	秃尖长（cm）	0.7
穗行数	10～12	行粒数	22.3	百粒重（g）	10.2
鲜籽粒主要成分					
水分（%）	70.84	淀粉（mg/g，FW）	35.27	可溶性糖（mg/g，FW）	105.89
粗蛋白（mg/g，FW）	33.88	粗脂肪（%）	2.79	粗纤维（%）	0.69
食味品质					
甜度	优	风味	优	爽脆度	优
果皮厚度	优				

HUBY-5-02

种质库编号：C0097

资源类型：自交系

材料来源：杂交种选系

观测地点：广州市天河区

保存单位：广东省农业科学院作物研究所

特征特性：株型半紧凑；雄穗护颖黄绿色，花药黄绿色，花丝黄绿色；雌穗包被完整，有小旗叶，果穗柱形。

最佳采收期籽粒食味品质中等。

成熟后籽粒和穗轴均为白色。

农艺性状					
株高（cm）	113.5	上位穗上叶叶长（cm）	53.2	雄穗一级分枝数	中
穗位高（cm）	29.7	上位穗上叶叶宽（cm）	7.9	雄穗长度（cm）	22.9
果穗考种特征					
穗长（cm）	12.3	穗粗（cm）	3.7	秃尖长（cm）	1.0
穗行数	12~14	行粒数	26.0	百粒重（g）	12.7
鲜籽粒主要成分					
水分（%）	75.52	淀粉（mg/g，FW）	28.25	可溶性糖（mg/g，FW）	67.14
粗蛋白（mg/g，FW）	35.42	粗脂肪（%）	2.35	粗纤维（%）	0.85
食味品质					
甜度	中等	风味	中等	爽脆度	中等
果皮厚度	中等				

BUBY-10

种质库编号：C0098

资源类型：自交系

材料来源：杂交种选系

观测地点：广州市天河区

保存单位：广东省农业科学院作物研究所

特征特性：幼苗叶色浅绿。株型半紧凑；雄穗护颖黄绿色，花药黄绿色，花丝黄绿色；雌穗包被完整，果穗柱形。

最佳采收期籽粒食味品质中等，爽脆。

成熟后籽粒黄色，穗轴白色。

农艺性状					
株高（cm）	140.1	上位穗上叶叶长（cm）	68.4	雄穗一级分枝数	中
穗位高（cm）	34.7	上位穗上叶叶宽（cm）	7.5	雄穗长度（cm）	29.6
果穗考种特征					
穗长（cm）	10.3	穗粗（cm）	3.8	秃尖长（cm）	1.2
穗行数	12～14	行粒数	19.3	百粒重（g）	12.9
鲜籽粒主要成分					
水分（%）	70.34	淀粉（mg/g，FW）	43.54	可溶性糖（mg/g，FW）	78.05
粗蛋白（mg/g，FW）	39.52	粗脂肪（%）	3.03	粗纤维（%）	1.01
食味品质					
甜度	中等	风味	中等	爽脆度	优
果皮厚度	中等				

09Y-21

种质库编号：C0099

资源类型：自交系

材料来源：杂交种选系

观测地点：广州市天河区

保存单位：广东省农业科学院作物研究所

特征特性：幼苗叶色浅绿。株型半紧凑；喇叭口期有卷心表现；雄穗披散，护颖黄绿色，花药黄绿色，花丝黄绿色；雌穗包被完整，果穗柱形。

最佳采收期籽粒食味品质中等。

成熟后籽粒橘黄色，穗轴白色。

农艺性状					
株高（cm）	160.4	上位穗上叶叶长（cm）	73.0	雄穗一级分枝数	中
穗位高（cm）	44.5	上位穗上叶叶宽（cm）	8.0	雄穗长度（cm）	29.3
果穗考种特征					
穗长（cm）	9.6	穗粗（cm）	3.3	秃尖长（cm）	0.6
穗行数	10~12	行粒数	17.9	百粒重（g）	10.5
鲜籽粒主要成分					
水分（%）	73.24	淀粉（mg/g，FW）	45.22	可溶性糖（mg/g，FW）	62.03
粗蛋白（mg/g，FW）	38.10	粗脂肪（%）	2.33	粗纤维（%）	0.68
食味品质					
甜度	中等	风味	中等	爽脆度	中等
果皮厚度	中等				

GUOQ10T9

种质库编号：C0100

资源类型：自交系

材料来源：杂交种选系

观测地点：广州市天河区

保存单位：广东省农业科学院作物研究所

特征特性：株型紧凑；雄穗紧凑上冲，护颖黄绿色，花药黄绿色，花丝黄绿色；雌穗包被完整，果穗柱形。

最佳采收期籽粒食味品质优，甜度高，风味好，爽脆。

成熟后籽粒橙黄色，穗轴白色。

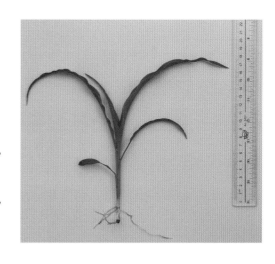

农艺性状					
株高（cm）	156.7	上位穗上叶叶长（cm）	68.3	雄穗一级分枝数	中
穗位高（cm）	49.3	上位穗上叶叶宽（cm）	7.4	雄穗长度（cm）	27.3
果穗考种特征					
穗长（cm）	9.8	穗粗（cm）	3.2	秃尖长（cm）	0.4
穗行数	10～12	行粒数	18.0	百粒重（g）	11.1
鲜籽粒主要成分					
水分（%）	73.58	淀粉（mg/g，FW）	38.94	可溶性糖（mg/g，FW）	89.45
粗蛋白（mg/g，FW）	27.99	粗脂肪（%）	1.45	粗纤维（%）	0.68
食味品质					
甜度	优	风味	优	爽脆度	优
果皮厚度	中等				

GUOQ10T9W

种质库编号：C0101

资源类型：自交系

材料来源：杂交种选系

观测地点：广州市天河区

保存单位：广东省农业科学院作物研究所

特征特性：株型半紧凑；雄穗护颖黄绿色，花药黄绿色，花丝黄绿色；雌穗包被完整，果穗柱形。

最佳采收期籽粒果皮薄，甜度较高，风味好，爽脆。

成熟后籽粒白色，穗轴白色。

农艺性状					
株高（cm）	136.7	上位穗上叶叶长（cm）	54.0	雄穗一级分枝数	中
穗位高（cm）	38.6	上位穗上叶叶宽（cm）	8.5	雄穗长度（cm）	28.6
果穗考种特征					
穗长（cm）	11.1	穗粗（cm）	3.4	秃尖长（cm）	0.4
穗行数	12～14	行粒数	20.7	百粒重（g）	12.1
鲜籽粒主要成分					
水分（%）	73.50	淀粉（mg/g，FW）	30.50	可溶性糖（mg/g，FW）	83.03
粗蛋白（mg/g，FW）	31.25	粗脂肪（%）	1.13	粗纤维（%）	0.77
食味品质					
甜度	中等	风味	优	爽脆度	优
果皮厚度	优				

GUOQ09T4

种质库编号：C0103

资源类型：自交系

材料来源：杂交种选系

观测地点：广州市天河区

保存单位：广东省农业科学院作物研究所

特征特性：株型紧凑；雄穗多分枝，护颖黄绿色，花药黄绿色，花丝黄绿色；雌穗包被完整，果穗柱形，穗行不整齐。

最佳采收期籽粒甜度高，风味好，较爽脆。

成熟后籽粒黄色，穗轴白色。

农艺性状					
株高（cm）	115.6	上位穗上叶叶长（cm）	52.3	雄穗一级分枝数	多
穗位高（cm）	51.4	上位穗上叶叶宽（cm）	6.5	雄穗长度（cm）	15.8
果穗考种特征					
穗长（cm）	8.8	穗粗（cm）	3.3	秃尖长（cm）	0.3
穗行数	14~16	行粒数	19.0	百粒重（g）	7.8
鲜籽粒主要成分					
水分（%）	74.08	淀粉（mg/g，FW）	25.95	可溶性糖（mg/g，FW）	79.83
粗蛋白（mg/g，FW）	39.34	粗脂肪（%）	1.31	粗纤维（%）	0.97
食味品质					
甜度	优	风味	优	爽脆度	中等
果皮厚度	中等				

QUN1-11

种质库编号：C0104

资源类型：自交系

材料来源：温带甜玉米群体选系

观测地点：广州市天河区

保存单位：广东省农业科学院作物研究所

特征特性：幼苗叶色深绿。株型平展；雄穗分枝少，护颖黄绿色，花药黄绿色，花丝黄绿色；雌穗包被完整，有旗叶，果穗柱形。最佳采收期籽粒食味品质中等。

成熟后籽粒黄色，穗轴白色。

农艺性状					
株高（cm）	126.7	上位穗上叶叶长（cm）	58.7	雄穗一级分枝数	少
穗位高（cm）	24.9	上位穗上叶叶宽（cm）	6.9	雄穗长度（cm）	24.5
果穗考种特征					
穗长（cm）	11.7	穗粗（cm）	3.2	秃尖长（cm）	0.8
穗行数	10~12	行粒数	23.9	百粒重（g）	11.0
鲜籽粒主要成分					
水分（%）	73.16	淀粉（mg/g，FW）	41.56	可溶性糖（mg/g，FW）	63.66
粗蛋白（mg/g，FW）	34.23	粗脂肪（%）	1.56	粗纤维（%）	0.74
食味品质					
甜度	中等	风味	中等	爽脆度	中等
果皮厚度	中等				

QUN2W-03

种质库编号：C0105

资源类型：自交系

材料来源：温带与热带混合群体选系

观测地点：广州市天河区

保存单位：广东省农业科学院作物研究所

特征特性：幼苗叶色浅绿。株型半紧凑；雄穗护颖黄绿色，花药黄绿色，花丝黄绿色；雌穗包被完整，果穗柱形，短粗，穗行多。

最佳采收期籽粒食味品质中等。

成熟后籽粒白色，穗轴白色。

农艺性状					
株高（cm）	145.8	上位穗上叶叶长（cm）	69.5	雄穗一级分枝数	中
穗位高（cm）	55.9	上位穗上叶叶宽（cm）	7.4	雄穗长度（cm）	29.1
果穗考种特征					
穗长（cm）	7.3	穗粗（cm）	3.7	秃尖长（cm）	0.1
穗行数	16~18	行粒数	17.5	百粒重（g）	8.1
鲜籽粒主要成分					
水分（%）	73.87	淀粉（mg/g，FW）	35.53	可溶性糖（mg/g，FW）	68.20
粗蛋白（mg/g，FW）	36.18	粗脂肪（%）	1.00	粗纤维（%）	0.68
食味品质					
甜度	中等	风味	中等	爽脆度	中等
果皮厚度	中等				

QUN2W-04

种质库编号：C0106

资源类型：自交系

材料来源：温带与热带混合群体选系

观测地点：广州市天河区

保存单位：广东省农业科学院作物研究所

特征特性：植株细高，株型平展；雄穗护颖黄绿色，花药黄绿色，花丝黄绿色；雌穗穗位低，包被完整，果穗柱形。

最佳采收期籽粒食味品质中等，爽脆。

成熟后籽粒白色，穗轴白色。

农艺性状					
株高（cm）	170.7	上位穗上叶叶长（cm）	60.0	雄穗一级分枝数	中
穗位高（cm）	39.1	上位穗上叶叶宽（cm）	7.2	雄穗长度（cm）	24.9
果穗考种特征					
穗长（cm）	11.2	穗粗（cm）	3.4	秃尖长（cm）	0.3
穗行数	12~16	行粒数	23.6	百粒重（g）	9.2
鲜籽粒主要成分					
水分（%）	—	淀粉（mg/g，FW）	—	可溶性糖（mg/g，FW）	—
粗蛋白（mg/g，FW）	—	粗脂肪（%）	—	粗纤维（%）	—
食味品质					
甜度	中等	风味	中等	爽脆度	优
果皮厚度	中等				

DET36W

种质库编号：C0107

资源类型：自交系

材料来源：云南省德宏傣族景颇族自治州农业科学研究所选系

观测地点：广州市天河区

保存单位：广东省农业科学院作物研究所

特征特性：株型半紧凑；雄穗护颖黄绿色，花药黄绿色，花丝黄绿色，雌雄协调性好；雌穗包被完整，果穗柱形。

最佳采收期籽粒食味品质优，甜度高，风味好，果皮薄，爽脆。

成熟后籽粒白色，穗轴白色。

农艺性状					
株高（cm）	128.6	上位穗上叶叶长（cm）	67.3	雄穗一级分枝数	中
穗位高（cm）	40.3	上位穗上叶叶宽（cm）	8.8	雄穗长度（cm）	25.0
果穗考种特征					
穗长（cm）	10.7	穗粗（cm）	3.7	秃尖长（cm）	1.0
穗行数	12~16	行粒数	20.7	百粒重（g）	13.7
鲜籽粒主要成分					
水分（%）	75.14	淀粉（mg/g，FW）	26.23	可溶性糖（mg/g，FW）	61.32
粗蛋白（mg/g，FW）	40.66	粗脂肪（%）	1.03	粗纤维（%）	0.69
食味品质					
甜度	优	风味	优	爽脆度	优
果皮厚度	优				

DA28-2

种质库编号：C0109

资源类型：自交系

材料来源：浙江省东阳玉米研究所选系

观测地点：广州市天河区

保存单位：广东省农业科学院作物研究所

特征特性：株型紧凑；雄穗护颖黄绿色，花药黄绿色，花丝黄绿色；雌穗包被完整，果穗柱形。

最佳采收期籽粒食味品质中等，爽脆。

成熟后籽粒浅黄色，穗轴白色。

农艺性状					
株高（cm）	164.1	上位穗上叶叶长（cm）	69.3	雄穗一级分枝数	中
穗位高（cm）	71.3	上位穗上叶叶宽（cm）	7.2	雄穗长度（cm）	25.9
果穗考种特征					
穗长（cm）	9.2	穗粗（cm）	3.7	秃尖长（cm）	0.7
穗行数	14～16	行粒数	19.7	百粒重（g）	9.5
鲜籽粒主要成分					
水分（%）	75.77	淀粉（mg/g，FW）	31.59	可溶性糖（mg/g，FW）	58.32
粗蛋白（mg/g，FW）	32.75	粗脂肪（%）	2.51	粗纤维（%）	0.57
食味品质					
甜度	中等	风味	中等	爽脆度	优
果皮厚度	中等				

GAOY12-9-01

种质库编号：C0110

资源类型：自交系

材料来源：杂交种选系

观测地点：广州市天河区

保存单位：广东省农业科学院作物研究所

特征特性：株型紧凑；雄穗紧凑上冲，护颖黄绿色，花药黄绿色，花丝黄绿色；雌穗包被完整，果穗柱形。

最佳采收期籽粒食味品质中等。

成熟后籽粒浅黄色，穗轴白色。

农艺性状					
株高（cm）	168.0	上位穗上叶叶长（cm）	55.2	雄穗一级分枝数	中
穗位高（cm）	67.1	上位穗上叶叶宽（cm）	6.9	雄穗长度（cm）	23.7
果穗考种特征					
穗长（cm）	11.2	穗粗（cm）	3.3	秃尖长（cm）	1.4
穗行数	10~12	行粒数	21.1	百粒重（g）	11.9
鲜籽粒主要成分					
水分（%）	68.08	淀粉（mg/g，FW）	70.24	可溶性糖（mg/g，FW）	68.81
粗蛋白（mg/g，FW）	49.70	粗脂肪（%）	3.38	粗纤维（%）	1.11
食味品质					
甜度	中等	风味	中等	爽脆度	中等
果皮厚度	中等				

GAOY12-9-02

种质库编号：C0111

资源类型：自交系

材料来源：杂交种选系

观测地点：广州市天河区

保存单位：广东省农业科学院作物研究所

特征特性：株型紧凑；雄穗护颖黄绿色，花药黄绿色，花丝黄绿色；雌穗包被完整，果穗柱形。

最佳采收期籽粒食味品质优，甜度高，果皮薄，风味好，爽脆。

成熟后籽粒黄色，穗轴白色。

农艺性状					
株高（cm）	162.0	上位穗上叶叶长（cm）	52.3	雄穗一级分枝数	中
穗位高（cm）	62.2	上位穗上叶叶宽（cm）	7.8	雄穗长度（cm）	19.6
果穗考种特征					
穗长（cm）	9.2	穗粗（cm）	3.5	秃尖长（cm）	1.2
穗行数	12~14	行粒数	16.4	百粒重（g）	11.6
鲜籽粒主要成分					
水分（%）	70.91	淀粉（mg/g，FW）	51.36	可溶性糖（mg/g，FW）	75.97
粗蛋白（mg/g，FW）	40.92	粗脂肪（%）	2.69	粗纤维（%）	0.77
食味品质					
甜度	优	风味	优	爽脆度	优
果皮厚度	优				

FENGM-01

种质库编号：C0112

资源类型：自交系

材料来源：中国台湾杂交种选系

观测地点：广州市天河区

保存单位：广东省农业科学院作物研究所

特征特性：株型半紧凑；雄穗护颖黄绿色，花药黄绿色，花丝黄绿色；雌穗包被完整，果穗柱形，穗行排列不整齐。

最佳采收期籽粒食味品质优，甜度高，果皮薄，风味好，爽脆。

成熟后籽粒橙黄色，穗轴白色。

农艺性状					
株高（cm）	135.6	上位穗上叶叶长（cm）	56.5	雄穗一级分枝数	中
穗位高（cm）	46.9	上位穗上叶叶宽（cm）	6.4	雄穗长度（cm）	27.1
果穗考种特征					
穗长（cm）	9.7	穗粗（cm）	3.1	秃尖长（cm）	0.4
穗行数	12~14	行粒数	17.7	百粒重（g）	7.2
鲜籽粒主要成分					
水分（%）	75.14	淀粉（mg/g，FW）	41.57	可溶性糖（mg/g，FW）	59.26
粗蛋白（mg/g，FW）	32.33	粗脂肪（%）	2.71	粗纤维（%）	0.72
食味品质					
甜度	优	风味	优	爽脆度	优
果皮厚度	优				

QUN1-12

种质库编号：C0113

资源类型：自交系

材料来源：温带甜玉米群体选系

观测地点：广州市天河区

保存单位：广东省农业科学院作物研究所

特征特性：株型半紧凑；雄穗护颖黄绿色，花药黄绿色，花丝黄绿色；雌穗包被完整，小旗叶，有副穗，果穗柱形，穗行不整齐。

最佳采收期籽粒食味品质中等。

成熟后籽粒橙黄色，穗轴白色。

农艺性状					
株高（cm）	135.7	上位穗上叶叶长（cm）	69.9	雄穗一级分枝数	中
穗位高（cm）	30.7	上位穗上叶叶宽（cm）	7.2	雄穗长度（cm）	25.6
果穗考种特征					
穗长（cm）	9.7	穗粗（cm）	3.3	秃尖长（cm）	0.6
穗行数	10～12	行粒数	20.6	百粒重（g）	10.3
鲜籽粒主要成分					
水分（%）	—	淀粉（mg/g，FW）	—	可溶性糖（mg/g，FW）	—
粗蛋白（mg/g，FW）	—	粗脂肪（%）	—	粗纤维（%）	—
食味品质					
甜度	中等	风味	中等	爽脆度	中等
果皮厚度	中等				

QUNR-03

种质库编号：C0114

资源类型：自交系

材料来源：热带甜玉米群体选系

观测地点：广州市天河区

保存单位：广东省农业科学院作物研究所

特征特性：株型紧凑，支持根发达；雄穗护颖黄绿色，花药黄绿色，花丝黄绿色，雌雄协调性好；雌穗包被完整，果穗柱形。

最佳采收期籽粒果皮较薄，甜度和风味差，较爽脆。

成熟后籽粒橘黄色，穗轴白色。

农艺性状					
株高（cm）	131.0	上位穗上叶叶长（cm）	63.5	雄穗一级分枝数	中
穗位高（cm）	38.9	上位穗上叶叶宽（cm）	6.4	雄穗长度（cm）	21.6
果穗考种特征					
穗长（cm）	9.8	穗粗（cm）	3.4	秃尖长（cm）	1.0
穗行数	14～16	行粒数	17.9	百粒重（g）	11.0
鲜籽粒主要成分					
水分（%）	77.20	淀粉（mg/g，FW）	37.84	可溶性糖（mg/g，FW）	54.76
粗蛋白（mg/g，FW）	29.93	粗脂肪（%）	2.52	粗纤维（%）	0.76
食味品质					
甜度	差	风味	差	爽脆度	中等
果皮厚度	中等				

QUNR-04

种质库编号：C0115

资源类型：自交系

材料来源：热带甜玉米群体选系

观测地点：广州市天河区

保存单位：广东省农业科学院作物研究所

特征特性：株型半紧凑；雄穗护颖黄绿色，花药黄绿色，花丝黄绿色；雌穗包被完整，果穗柱形。

最佳采收期籽粒食味品质中等。

成熟后籽粒浅黄色，穗轴白色。

农艺性状					
株高（cm）	128.1	上位穗上叶叶长（cm）	55.0	雄穗一级分枝数	中
穗位高（cm）	35.9	上位穗上叶叶宽（cm）	6.0	雄穗长度（cm）	25.8
果穗考种特征					
穗长（cm）	9.0	穗粗（cm）	3.3	秃尖长（cm）	0.2
穗行数	10~14	行粒数	15.7	百粒重（g）	11.6
鲜籽粒主要成分					
水分（%）	74.05	淀粉（mg/g, FW）	53.04	可溶性糖（mg/g, FW）	53.49
粗蛋白（mg/g, FW）	35.06	粗脂肪（%）	3.59	粗纤维（%）	0.78
食味品质					
甜度	中等	风味	中等	爽脆度	中等
果皮厚度	中等				

QUN1-13

种质库编号：C0116

资源类型：自交系

材料来源：温带甜玉米群体选系

观测地点：广州市天河区

保存单位：广东省农业科学院作物研究所

特征特性：株型半紧凑；雄穗护颖黄绿色，花药黄绿色，花丝黄绿色；雌穗包被完整，有旗叶，果穗柱形。

最佳采收期籽粒食味品质中等。

成熟后籽粒黄色，穗轴白色。

农艺性状					
株高（cm）	107.7	上位穗上叶叶长（cm）	62.9	雄穗一级分枝数	中
穗位高（cm）	20.3	上位穗上叶叶宽（cm）	6.2	雄穗长度（cm）	24.0
果穗考种特征					
穗长（cm）	10.6	穗粗（cm）	2.8	秃尖长（cm）	1.4
穗行数	10~12	行粒数	19.9	百粒重（g）	10.3
鲜籽粒主要成分					
水分（%）	71.98	淀粉（mg/g, FW）	45.15	可溶性糖（mg/g, FW）	65.03
粗蛋白（mg/g, FW）	40.05	粗脂肪（%）	3.02	粗纤维（%）	1.20
食味品质					
甜度	中等	风味	中等	爽脆度	中等
果皮厚度	中等				

QUN1-29

种质库编号：C0117

资源类型：自交系

材料来源：温带甜玉米群体选系

观测地点：广州市天河区

保存单位：广东省农业科学院作物研究所

特征特性：株型半紧凑；雄穗护颖黄绿色，花药黄绿色，花丝黄绿色；雌穗包被完整，果穗柱形。

最佳采收期籽粒食味品质优，甜度高，果皮薄，风味好。

成熟后籽粒黄色，穗轴白色。

农艺性状					
株高（cm）	101.3	上位穗上叶叶长（cm）	62.3	雄穗一级分枝数	中
穗位高（cm）	20.5	上位穗上叶叶宽（cm）	5.7	雄穗长度（cm）	21.5
果穗考种特征					
穗长（cm）	10.7	穗粗（cm）	3.0	秃尖长（cm）	0.7
穗行数	10～14	行粒数	22.4	百粒重（g）	10.2
鲜籽粒主要成分					
水分（%）	72.68	淀粉（mg/g，FW）	45.92	可溶性糖（mg/g，FW）	65.48
粗蛋白（mg/g，FW）	35.86	粗脂肪（%）	3.29	粗纤维（%）	0.95
食味品质					
甜度	优	风味	优	爽脆度	中等
果皮厚度	优				

QUN2-08

种质库编号：C0118

资源类型：自交系

材料来源：温带与热带混合群体选系

观测地点：广州市天河区

保存单位：广东省农业科学院作物研究所

特征特性：株型半紧凑；雄穗护颖黄绿色，花药黄绿色，花丝黄绿色；雌穗包被完整，果穗柱形。

最佳采收期籽粒食味品质优，甜度高，果皮薄，风味好，爽脆。

成熟后籽粒橙黄色，穗轴白色。

农艺性状					
株高（cm）	134.3	上位穗上叶叶长（cm）	64.9	雄穗一级分枝数	少
穗位高（cm）	43.3	上位穗上叶叶宽（cm）	6.6	雄穗长度（cm）	24.5
果穗考种特征					
穗长（cm）	12.4	穗粗（cm）	3.5	秃尖长（cm）	0.1
穗行数	10～14	行粒数	26.2	百粒重（g）	12.1
鲜籽粒主要成分					
水分（%）	75.09	淀粉（mg/g，FW）	38.42	可溶性糖（mg/g，FW）	70.02
粗蛋白（mg/g，FW）	28.57	粗脂肪（%）	2.33	粗纤维（%）	0.96
食味品质					
甜度	优	风味	优	爽脆度	优
果皮厚度	优				

QUN2-09

种质库编号：C0119

资源类型：自交系

材料来源：温带与热带混合群体选系

观测地点：广州市天河区

保存单位：广东省农业科学院作物研究所

特征特性：株型半紧凑；雄穗护颖黄绿色，花药黄绿色，花丝黄绿色；雌穗包被完整，果穗柱形。

最佳采收期籽粒食味品质中等。

成熟后籽粒橙黄色，穗轴白色。

农艺性状					
株高（cm）	126.0	上位穗上叶叶长（cm）	66.7	雄穗一级分枝数	少
穗位高（cm）	37.9	上位穗上叶叶宽（cm）	6.2	雄穗长度（cm）	26.9
果穗考种特征					
穗长（cm）	10.1	穗粗（cm）	3.5	秃尖长（cm）	0.3
穗行数	12～14	行粒数	19.2	百粒重（g）	11.9
鲜籽粒主要成分					
水分（%）	74.95	淀粉（mg/g，FW）	45.01	可溶性糖（mg/g，FW）	68.52
粗蛋白（mg/g，FW）	31.49	粗脂肪（%）	2.56	粗纤维（%）	0.88
食味品质					
甜度	中等	风味	中等	爽脆度	中等
果皮厚度	中等				

QUN2-10

种质库编号：C0120

资源类型：自交系

材料来源：温带与热带混合群体选系

观测地点：广州市天河区

保存单位：广东省农业科学院作物研究所

特征特性：株型平展；雄穗护颖黄绿色，花药黄绿色，花丝黄绿色；雌穗包被完整，果穗柱形。

最佳采收期籽粒食味品质中等。

成熟后籽粒橙黄色，穗轴白色。

农艺性状					
株高（cm）	140.7	上位穗上叶叶长（cm）	53.3	雄穗一级分枝数	少
穗位高（cm）	47.3	上位穗上叶叶宽（cm）	6.8	雄穗长度（cm）	19.8
果穗考种特征					
穗长（cm）	9.6	穗粗（cm）	3.1	秃尖长（cm）	0.9
穗行数	10~12	行粒数	20.2	百粒重（g）	9.6
鲜籽粒主要成分					
水分（%）	67.40	淀粉（mg/g，FW）	53.49	可溶性糖（mg/g，FW）	68.51
粗蛋白（mg/g，FW）	45.51	粗脂肪（%）	4.09	粗纤维（%）	1.20
食味品质					
甜度	中等	风味	中等	爽脆度	中等
果皮厚度	中等				

QUN1-14

种质库编号：C0121

资源类型：自交系

材料来源：温带群体选系

观测地点：广州市天河区

保存单位：广东省农业科学院作物研究所

特征特性：株型半紧凑；雄穗护颖黄绿色，花药黄绿色，花丝黄绿色；雌穗包被完整，果穗柱形。

最佳采收期籽粒食味品质中等。

成熟后籽粒橙黄色，穗轴白色。

农艺性状					
株高（cm）	141.4	上位穗上叶叶长（cm）	57.4	雄穗一级分枝数	中
穗位高（cm）	41.5	上位穗上叶叶宽（cm）	7.2	雄穗长度（cm）	29.3
果穗考种特征					
穗长（cm）	11.4	穗粗（cm）	3.3	秃尖长（cm）	0.5
穗行数	8~10	行粒数	23.0	百粒重（g）	14.2
鲜籽粒主要成分					
水分（%）	75.01	淀粉（mg/g，FW）	41.82	可溶性糖（mg/g，FW）	55.85
粗蛋白（mg/g，FW）	40.88	粗脂肪（%）	2.96	粗纤维（%）	1.01
食味品质					
甜度	中等	风味	中等	爽脆度	中等
果皮厚度	中等				

QUN1-15

种质库编号：C0122

资源类型：自交系

材料来源：温带群体选系

观测地点：广州市天河区

保存单位：广东省农业科学院作物研究所

特征特性：株型半紧凑；雄穗护颖黄绿色，花药黄绿色，花丝黄绿色；雌穗包被完整，小旗叶，果穗柱形。

最佳采收期籽粒食味品质中等。

成熟后籽粒白色，穗轴白色。

农艺性状					
株高（cm）	150.1	上位穗上叶叶长（cm）	63.4	雄穗一级分枝数	中
穗位高（cm）	56.1	上位穗上叶叶宽（cm）	7.1	雄穗长度（cm）	26.5
果穗考种特征					
穗长（cm）	10.6	穗粗（cm）	3.2	秃尖长（cm）	0.9
穗行数	8～14	行粒数	15.3	百粒重（g）	19.4
鲜籽粒主要成分					
水分（%）	71.44	淀粉（mg/g，FW）	52.46	可溶性糖（mg/g，FW）	67.38
粗蛋白（mg/g，FW）	38.78	粗脂肪（%）	2.94	粗纤维（%）	1.03
食味品质					
甜度	中等	风味	中等	爽脆度	中等
果皮厚度	中等				

GAOY12-3-01

种质库编号：C0125

资源类型：自交系

材料来源：美国杂交种选系

观测地点：广州市天河区

保存单位：广东省农业科学院作物研究所

特征特性：幼苗叶色浅绿。株型半紧凑；雄穗上冲，护颖黄绿色，花药黄绿色，花丝黄绿色；雌穗包被完整，果穗柱形。

最佳采收期籽粒甜度高，爽脆，果皮较薄。

成熟后籽粒白色，穗轴白色。

农艺性状					
株高（cm）	125.9	上位穗上叶叶长（cm）	57.1	雄穗一级分枝数	中
穗位高（cm）	28.4	上位穗上叶叶宽（cm）	7.2	雄穗长度（cm）	19.9
果穗考种特征					
穗长（cm）	9.5	穗粗（cm）	3.3	秃尖长（cm）	0
穗行数	12~14	行粒数	20.6	百粒重（g）	9.5
鲜籽粒主要成分					
水分（%）	69.72	淀粉（mg/g，FW）	44.26	可溶性糖（mg/g，FW）	109.20
粗蛋白（mg/g，FW）	30.01	粗脂肪（%）	2.43	粗纤维（%）	0.79
食味品质					
甜度	优	风味	中等	爽脆度	优
果皮厚度	中等				

GAOY12-4-01

种质库编号：C0126

资源类型：自交系

材料来源：美国杂交种选系

观测地点：广州市天河区

保存单位：广东省农业科学院作物研究所

特征特性：幼苗叶色浅绿。株型半紧凑；雄穗上冲，护颖黄绿色，花药黄绿色，花丝黄绿色；雌穗穗位低，包被完整，果穗柱形。

最佳采收期籽粒食味品质优，甜度高，果皮薄，风味好，爽脆。

成熟后籽粒白色，穗轴白色。

农艺性状					
株高（cm）	138.2	上位穗上叶叶长（cm）	70.2	雄穗一级分枝数	中
穗位高（cm）	22.2	上位穗上叶叶宽（cm）	6.9	雄穗长度（cm）	24.7
果穗考种特征					
穗长（cm）	11.4	穗粗（cm）	3.3	秃尖长（cm）	0.2
穗行数	12~16	行粒数	22.8	百粒重（g）	9.1
鲜籽粒主要成分					
水分（%）	—	淀粉（mg/g，FW）	—	可溶性糖（mg/g，FW）	—
粗蛋白（mg/g，FW）	—	粗脂肪（%）	—	粗纤维（%）	—
食味品质					
甜度	优	风味	优	爽脆度	优
果皮厚度	优				

GAOY12-5-01

种质库编号：C0127

资源类型：自交系

材料来源：美国杂交种选系

观测地点：广州市天河区

保存单位：广东省农业科学院作物研究所

特征特性：株型平展；雄穗护颖黄绿色，花药黄绿色，花丝黄绿色；雌穗包被完整，果穗柱形。

最佳采收期籽粒食味品质中等，爽脆。

成熟后籽粒白色，穗轴白色。

农艺性状					
株高（cm）	134.8	上位穗上叶叶长（cm）	51.5	雄穗一级分枝数	中
穗位高（cm）	35.5	上位穗上叶叶宽（cm）	8.6	雄穗长度（cm）	18.7
果穗考种特征					
穗长（cm）	10.6	穗粗（cm）	3.8	秃尖长（cm）	0.9
穗行数	14~16	行粒数	19.9	百粒重（g）	9.3
鲜籽粒主要成分					
水分（%）	73.61	淀粉（mg/g，FW）	31.21	可溶性糖（mg/g，FW）	89.77
粗蛋白（mg/g，FW）	28.05	粗脂肪（%）	2.18	粗纤维（%）	0.86
食味品质					
甜度	中等	风味	中等	爽脆度	优
果皮厚度	中等				

GAOY12-6-02

种质库编号：C0129

资源类型：自交系

材料来源：美国杂交种选系

观测地点：广州市天河区

保存单位：广东省农业科学院作物研究所

特征特性：株型紧凑；雄穗护颖黄绿色，花药黄绿色，花丝黄绿色；雌穗包被完整，果穗柱形，有秃尖。

最佳采收期籽粒食味品质中等。

成熟后籽粒橘黄色，穗轴白色。

农艺性状					
株高（cm）	143.7	上位穗上叶叶长（cm）	62.1	雄穗一级分枝数	中
穗位高（cm）	42.1	上位穗上叶叶宽（cm）	7.6	雄穗长度（cm）	24.8
果穗考种特征					
穗长（cm）	11.4	穗粗（cm）	3.7	秃尖长（cm）	1.6
穗行数	12~14	行粒数	20.0	百粒重（g）	13.1
鲜籽粒主要成分					
水分（%）	75.27	淀粉（mg/g，FW）	35.54	可溶性糖（mg/g，FW）	62.98
粗蛋白（mg/g，FW）	41.70	粗脂肪（%）	2.45	粗纤维（%）	1.11
食味品质					
甜度	中等	风味	中等	爽脆度	中等
果皮厚度	中等				

GLAY10H-2

种质库编号：C0131

资源类型：自交系

材料来源：美国杂交种选系

观测地点：广州市天河区

保存单位：广东省农业科学院作物研究所

特征特性：株型半紧凑；雄穗护颖黄绿色，花药黄绿色，花丝黄绿色；雌穗包被完整，果穗柱形。

最佳采收期籽粒食味品质优，甜度高，风味好，果皮薄，爽脆。

成熟后籽粒橙黄色，穗轴白色。

农艺性状					
株高（cm）	160.8	上位穗上叶叶长（cm）	63.8	雄穗一级分枝数	中
穗位高（cm）	43.8	上位穗上叶叶宽（cm）	8.3	雄穗长度（cm）	29.4
果穗考种特征					
穗长（cm）	13.1	穗粗（cm）	4.0	秃尖长（cm）	0.2
穗行数	12～14	行粒数	25.2	百粒重（g）	15.7
鲜籽粒主要成分					
水分（%）	74.70	淀粉（mg/g，FW）	36.92	可溶性糖（mg/g，FW）	61.64
粗蛋白（mg/g，FW）	31.22	粗脂肪（%）	0.97	粗纤维（%）	0.92
食味品质					
甜度	优	风味	优	爽脆度	优
果皮厚度	优				

QUN1-16

种质库编号：C0132

资源类型：自交系

材料来源：温带甜玉米群体选系

观测地点：广州市天河区

保存单位：广东省农业科学院作物研究所

特征特性：株型半紧凑，支持根发达；雄穗护颖黄绿色，花药黄绿色，花粉量大，花丝黄绿色；雌穗包被完整，果穗柱形。

最佳采收期籽粒甜度较高，风味佳，较爽脆。

成熟后籽粒橙黄色，穗轴白色。

农艺性状					
株高（cm）	134.6	上位穗上叶叶长（cm）	60.3	雄穗一级分枝数	中
穗位高（cm）	47.3	上位穗上叶叶宽（cm）	8.1	雄穗长度（cm）	24.7
果穗考种特征					
穗长（cm）	11.3	穗粗（cm）	3.4	秃尖长（cm）	1.4
穗行数	10～12	行粒数	23.3	百粒重（g）	13.0
鲜籽粒主要成分					
水分（%）	73.66	淀粉（mg/g，FW）	36.14	可溶性糖（mg/g，FW）	73.03
粗蛋白（mg/g，FW）	37.06	粗脂肪（%）	2.03	粗纤维（%）	1.16
食味品质					
甜度	中等	风味	优	爽脆度	中等
果皮厚度	中等				

QUN2-11

种质库编号：C0133

资源类型：自交系

材料来源：温带与热带混合群体选系

观测地点：广州市天河区

保存单位：广东省农业科学院作物研究所

特征特性：植株细高，株型半紧凑；雄穗护颖黄绿色，花药黄绿色，花丝黄绿色；雌穗包被完整，果穗柱形，籽粒薄，排列致密。

最佳采收期籽粒甜度较高，风味好，爽脆。

成熟后籽粒橙黄色，穗轴白色。

农艺性状					
株高（cm）	149.1	上位穗上叶叶长（cm）	67.0	雄穗一级分枝数	中
穗位高（cm）	51.5	上位穗上叶叶宽（cm）	6.1	雄穗长度（cm）	23.6
果穗考种特征					
穗长（cm）	12.4	穗粗（cm）	3.7	秃尖长（cm）	1.4
穗行数	12~14	行粒数	26.8	百粒重（g）	12.4
鲜籽粒主要成分					
水分（%）	75.67	淀粉（mg/g, FW）	32.78	可溶性糖（mg/g, FW）	74.03
粗蛋白（mg/g, FW）	31.72	粗脂肪（%）	1.69	粗纤维（%）	1.50
食味品质					
甜度	中等	风味	优	爽脆度	优
果皮厚度	中等				

QUN2-12

种质库编号：C0134

资源类型：自交系

材料来源：温带与热带混合群体选系

观测地点：广州市天河区

保存单位：广东省农业科学院作物研究所

特征特性：幼苗叶色浅绿。株型平展；雄穗护颖黄绿色，花药黄绿色，花丝黄绿色；雌穗包被完整，果穗柱形。

最佳采收期籽粒食味品质中等。

成熟后籽粒橘黄色，穗轴白色。

农艺性状					
株高（cm）	127.6	上位穗上叶叶长（cm）	58.6	雄穗一级分枝数	中
穗位高（cm）	41.1	上位穗上叶叶宽（cm）	6.5	雄穗长度（cm）	18.2
果穗考种特征					
穗长（cm）	13.6	穗粗（cm）	3.3	秃尖长（cm）	1.8
穗行数	12~14	行粒数	26.7	百粒重（g）	12.7
鲜籽粒主要成分					
水分（%）	74.08	淀粉（mg/g，FW）	36.43	可溶性糖（mg/g，FW）	58.74
粗蛋白（mg/g，FW）	39.38	粗脂肪（%）	2.41	粗纤维（%）	1.14
食味品质					
甜度	中等	风味	中等	爽脆度	中等
果皮厚度	中等				

QUN2-13

种质库编号：C0135

资源类型：自交系

材料来源：温带与热带混合群体选系

观测地点：广州市天河区

保存单位：广东省农业科学院作物研究所

特征特性：株型半紧凑；雄穗多分枝，部分败育，护颖黄绿色，花药黄绿色，花丝黄绿色；雌穗包被完整，果穗柱形。

最佳采收期籽粒食味品质中等。

成熟后籽粒橙黄色，穗轴白色。

农艺性状					
株高（cm）	105.8	上位穗上叶叶长（cm）	55.9	雄穗一级分枝数	多
穗位高（cm）	33.7	上位穗上叶叶宽（cm）	6.2	雄穗长度（cm）	16.7
果穗考种特征					
穗长（cm）	12.2	穗粗（cm）	3.6	秃尖长（cm）	0.9
穗行数	10～12	行粒数	23.1	百粒重（g）	11.8
鲜籽粒主要成分					
水分（%）	74.15	淀粉（mg/g，FW）	46.39	可溶性糖（mg/g，FW）	43.92
粗蛋白（mg/g，FW）	35.88	粗脂肪（%）	2.91	粗纤维（%）	1.12
食味品质					
甜度	中等	风味	中等	爽脆度	中等
果皮厚度	中等				

GUOQ09T9

种质库编号：C0137

资源类型：自交系

材料来源：国内杂交种选系

观测地点：广州市天河区

保存单位：广东省农业科学院作物研究所

特征特性：株型半紧凑；雄穗护颖黄绿色，花药黄绿色，花丝黄绿色；雌穗包被完整，有旗叶，果穗柱形。

最佳采收期籽粒食味品质中等。

成熟后籽粒橘黄色，穗轴白色。

农艺性状					
株高（cm）	142.3	上位穗上叶叶长（cm）	63.5	雄穗一级分枝数	少
穗位高（cm）	48.7	上位穗上叶叶宽（cm）	8.3	雄穗长度（cm）	25.3
果穗考种特征					
穗长（cm）	10.1	穗粗（cm）	3.0	秃尖长（cm）	1.5
穗行数	10~12	行粒数	18.9	百粒重（g）	13.3
鲜籽粒主要成分					
水分（%）	71.65	淀粉（mg/g，FW）	40.71	可溶性糖（mg/g，FW）	65.63
粗蛋白（mg/g，FW）	34.50	粗脂肪（%）	3.03	粗纤维（%）	1.17
食味品质					
甜度	中等	风味	中等	爽脆度	中等
果皮厚度	中等				

QUN1-17

种质库编号：C0138

资源类型：自交系

材料来源：温带甜玉米群体DH选系

观测地点：广州市天河区

保存单位：广东省农业科学院作物研究所

特征特性：幼苗叶色深绿。株型紧凑，支持根发达；雄穗护颖黄绿色，花药黄绿色，花丝黄绿色；双穗率高，雌穗包被完整，有长旗叶，果穗柱形。

最佳采收期籽粒食味品质优，甜度高，风味好，爽脆。成熟后籽粒白色，穗轴白色。

农艺性状					
株高（cm）	121.1	上位穗上叶叶长（cm）	61.7	雄穗一级分枝数	多
穗位高（cm）	35.7	上位穗上叶叶宽（cm）	8.0	雄穗长度（cm）	21.1
果穗考种特征					
穗长（cm）	11.5	穗粗（cm）	3.1	秃尖长（cm）	1.5
穗行数	12～14	行粒数	20.4	百粒重（g）	10.8
鲜籽粒主要成分					
水分（%）	76.51	淀粉（mg/g，FW）	30.09	可溶性糖（mg/g，FW）	68.96
粗蛋白（mg/g，FW）	29.12	粗脂肪（%）	1.72	粗纤维（%）	0.82
食味品质					
甜度	优	风味	优	爽脆度	优
果皮厚度	中等				

MH70-02

种质库编号：C0139

资源类型：自交系

材料来源：美国MH70杂交种选育的DH系

观测地点：广州市天河区

保存单位：广东省农业科学院作物研究所

特征特性：株型半紧凑；雄穗护颖黄绿色，花药黄绿色，粉量多，花丝黄绿色；雌穗包被完整，果穗柱形。

最佳采收期籽粒食味品质优，果皮薄，甜度高，风味好。

成熟后籽粒黄色，穗轴白色。

农艺性状					
株高（cm）	146.5	上位穗上叶叶长（cm）	51.5	雄穗一级分枝数	中
穗位高（cm）	43.5	上位穗上叶叶宽（cm）	7.3	雄穗长度（cm）	20.1
果穗考种特征					
穗长（cm）	11.10	穗粗（cm）	3.1	秃尖长（cm）	1.2
穗行数	12~14	行粒数	24.2	百粒重（g）	10.0
鲜籽粒主要成分					
水分（%）	67.10	淀粉（mg/g，FW）	64.62	可溶性糖（mg/g，FW）	64.45
粗蛋白（mg/g，FW）	39.55	粗脂肪（%）	3.10	粗纤维（%）	0.89
食味品质					
甜度	优	风味	优	爽脆度	中等
果皮厚度	优				

QUN2-15

种质库编号：C0140

资源类型：自交系

材料来源：温带与热带混合群体DH选系

观测地点：广州市天河区

保存单位：广东省农业科学院作物研究所

特征特性：株型半紧凑；雄穗有返祖表现，护颖黄绿色，花药黄绿色，花粉量大，花丝黄绿色，雌雄协调性好；雌穗包被完整，果穗柱形。

最佳采收期籽粒食味品质中等。

成熟后籽粒黄色，穗轴白色。

农艺性状					
株高（cm）	136.5	上位穗上叶叶长（cm）	54.9	雄穗一级分枝数	中
穗位高（cm）	37.1	上位穗上叶叶宽（cm）	6.9	雄穗长度（cm）	23.8
果穗考种特征					
穗长（cm）	10.3	穗粗（cm）	3.4	秃尖长（cm）	0.3
穗行数	12～16	行粒数	18.2	百粒重（g）	14.3
鲜籽粒主要成分					
水分（%）	76.19	淀粉（mg/g，FW）	30.55	可溶性糖（mg/g，FW）	69.05
粗蛋白（mg/g，FW）	36.25	粗脂肪（%）	2.18	粗纤维（%）	0.71
食味品质					
甜度	中等	风味	中等	爽脆度	中等
果皮厚度	中等				

QUN2-16

种质库编号：C0141

资源类型：自交系

材料来源：温带与热带混合群体DH选系

观测地点：广州市天河区

保存单位：广东省农业科学院作物研究所

特征特性：幼苗叶色浅绿。株型平展；雄穗护颖黄绿色，花药黄绿色，花丝黄绿色；雌穗包被完整，果穗柱形。

最佳采收期籽粒甜度高，风味好，爽脆。

成熟后籽粒白色，穗轴白色。

农艺性状					
株高（cm）	154.3	上位穗上叶叶长（cm）	58.0	雄穗一级分枝数	中
穗位高（cm）	48.9	上位穗上叶叶宽（cm）	7.9	雄穗长度（cm）	25.5
果穗考种特征					
穗长（cm）	11.2	穗粗（cm）	3.8	秃尖长（cm）	0
穗行数	10~12	行粒数	23.7	百粒重（g）	15.1
鲜籽粒主要成分					
水分（%）	73.95	淀粉（mg/g，FW）	42.16	可溶性糖（mg/g，FW）	70.42
粗蛋白（mg/g，FW）	30.06	粗脂肪（%）	2.51	粗纤维（%）	1.15
食味品质					
甜度	优	风味	优	爽脆度	优
果皮厚度	中等				

QUN2-18

种质库编号：C0144

资源类型：自交系

材料来源：温带与热带混合群体 DH 选系

观测地点：广州市天河区

保存单位：广东省农业科学院作物研究所

特征特性：株型半紧凑；雄穗大、多分枝，护颖黄绿色，花药黄绿色，花丝黄绿色；雌穗包被完整，果穗柱形，穗行不整齐。

最佳采收期籽粒食味品质中等。

成熟后籽粒黄色，穗轴白色。

农艺性状					
株高（cm）	133.5	上位穗上叶叶长（cm）	69.2	雄穗一级分枝数	多
穗位高（cm）	29.4	上位穗上叶叶宽（cm）	7.7	雄穗长度（cm）	25.7
果穗考种特征					
穗长（cm）	10.0	穗粗（cm）	3.8	秃尖长（cm）	2.3
穗行数	14～16	行粒数	15.9	百粒重（g）	12.0
鲜籽粒主要成分					
水分（%）	72.69	淀粉（mg/g，FW）	42.68	可溶性糖（mg/g，FW）	72.30
粗蛋白（mg/g，FW）	31.79	粗脂肪（%）	2.39	粗纤维（%）	0.89
食味品质					
甜度	中等	风味	中等	爽脆度	中等
果皮厚度	中等				

QUN2-19

种质库编号：C0145

资源类型：自交系

材料来源：温带与热带混合群体DH选系

观测地点：广州市天河区

保存单位：广东省农业科学院作物研究所

特征特性：株型半紧凑；雄穗护颖黄绿色，花药黄绿色，花丝黄绿色；雌穗包被完整，果穗柱形。

最佳采收期籽粒食味品质中等，爽脆。

成熟后籽粒黄色，穗轴白色。

农艺性状					
株高（cm）	137.0	上位穗上叶叶长（cm）	61.9	雄穗一级分枝数	中
穗位高（cm）	48.2	上位穗上叶叶宽（cm）	6.5	雄穗长度（cm）	23.3
果穗考种特征					
穗长（cm）	8.9	穗粗（cm）	4.0	秃尖长（cm）	0.8
穗行数	16	行粒数	19.7	百粒重（g）	9.5
鲜籽粒主要成分					
水分（%）	74.07	淀粉（mg/g，FW）	43.32	可溶性糖（mg/g，FW）	52.73
粗蛋白（mg/g，FW）	29.17	粗脂肪（%）	2.70	粗纤维（%）	1.08
食味品质					
甜度	中等	风味	中等	爽脆度	优
果皮厚度	中等				

HM80K

种质库编号：C0146

资源类型：自交系

材料来源：MH80群体选系

观测地点：广州市天河区

保存单位：广东省农业科学院作物研究所

特征特性：植株细高，株型平展；雄穗护颖黄绿色，花药黄绿色，花丝黄绿色；雌穗包被完整，果穗柱形。

最佳采收期籽粒食味品质中等。

成熟后籽粒橙黄色，穗轴白色。

农艺性状					
株高（cm）	157.8	上位穗上叶叶长（cm）	61.7	雄穗一级分枝数	少
穗位高（cm）	46.6	上位穗上叶叶宽（cm）	5.9	雄穗长度（cm）	24.5
果穗考种特征					
穗长（cm）	8.7	穗粗（cm）	3.4	秃尖长（cm）	1.3
穗行数	12～14	行粒数	19.1	百粒重（g）	9.3
鲜籽粒主要成分					
水分（%）	74.22	淀粉（mg/g，FW）	28.14	可溶性糖（mg/g，FW）	62.60
粗蛋白（mg/g，FW）	34.20	粗脂肪（%）	2.99	粗纤维（%）	1.25
食味品质					
甜度	中等	风味	中等	爽脆度	中等
果皮厚度	中等				

HUANGJ15-2

种质库编号：C0148

资源类型：自交系

材料来源：美国杂交种选系

观测地点：广州市天河区

保存单位：广东省农业科学院作物研究所

特征特性：植株较矮，株型半紧凑；雄穗护颖黄绿色，花药黄绿色，花丝黄绿色；雌穗包被完整，果穗柱形。

最佳采收期籽粒食味品质中等。

成熟后籽粒橘黄色，穗轴白色。

农艺性状					
株高（cm）	101.6	上位穗上叶叶长（cm）	52.3	雄穗一级分枝数	少
穗位高（cm）	28.2	上位穗上叶叶宽（cm）	8.4	雄穗长度（cm）	26.7
果穗考种特征					
穗长（cm）	11.4	穗粗（cm）	3.4	秃尖长（cm）	0.6
穗行数	10~12	行粒数	22.8	百粒重（g）	14.0
鲜籽粒主要成分					
水分（%）	74.81	淀粉（mg/g，FW）	38.45	可溶性糖（mg/g，FW）	44.68
粗蛋白（mg/g，FW）	37.22	粗脂肪（%）	2.40	粗纤维（%）	1.01
食味品质					
甜度	中等	风味	中等	爽脆度	中等
果皮厚度	中等				

09Y-2-01

种质库编号：C0150

资源类型：自交系

材料来源：杂交种选系

观测地点：广州市天河区

保存单位：广东省农业科学院作物研究所

特征特性：株型半紧凑；雄穗护颖黄绿色，花药黄绿色，花丝黄绿色；雌穗包被完整，具有较长旗叶，果穗柱形。

最佳采收期籽粒食味品质优，甜度高，风味好，爽脆。

成熟后籽粒橘黄色，穗轴白色。

农艺性状					
株高（cm）	114.3	上位穗上叶叶长（cm）	70.5	雄穗一级分枝数	中
穗位高（cm）	22.7	上位穗上叶叶宽（cm）	6.0	雄穗长度（cm）	24.8
果穗考种特征					
穗长（cm）	10.6	穗粗（cm）	3.5	秃尖长（cm）	1.0
穗行数	10～12	行粒数	23.3	百粒重（g）	9.5
鲜籽粒主要成分					
水分（%）	69.52	淀粉（mg/g，FW）	58.72	可溶性糖（mg/g，FW）	74.12
粗蛋白（mg/g，FW）	41.75	粗脂肪（%）	2.77	粗纤维（%）	0.82
食味品质					
甜度	优	风味	优	爽脆度	优
果皮厚度	优				

09Y-2-10

种质库编号：C0151

资源类型：自交系

材料来源：杂交种选系

观测地点：广州市天河区

保存单位：广东省农业科学院作物研究所

特征特性：株型半紧凑；雄穗护颖黄绿色，花药黄绿色，花丝黄绿色；雌穗包被完整，果穗柱形。

最佳采收期籽粒食味品质中等。

成熟后籽粒橘黄色，穗轴白色。

农艺性状					
株高（cm）	120.2	上位穗上叶叶长（cm）	57.3	雄穗一级分枝数	中
穗位高（cm）	24.1	上位穗上叶叶宽（cm）	5.7	雄穗长度（cm）	22.4
果穗考种特征					
穗长（cm）	9.1	穗粗（cm）	3.4	秃尖长（cm）	0
穗行数	14~18	行粒数	19.9	百粒重（g）	9.9
鲜籽粒主要成分					
水分（%）	—	淀粉（mg/g，FW）	—	可溶性糖（mg/g，FW）	—
粗蛋白（mg/g，FW）	—	粗脂肪（%）	—	粗纤维（%）	—
食味品质					
甜度	中等	风味	中等	爽脆度	中等
果皮厚度	中等				

HANGRIC-H

种质库编号：C0153

资源类型：自交系

材料来源：RIC-1的变异系

观测地点：广州市天河区

保存单位：广东省农业科学院作物研究所

特征特性：幼苗叶色浅绿。株型半紧凑；雄穗护颖黄绿色，花药黄绿色，花丝黄绿色；雌穗包被完整，有小旗叶，果穗柱形。

最佳采收期籽粒甜度较高，风味中等，较爽脆。

成熟后籽粒橙黄色，穗轴白色。

农艺性状					
株高（cm）	98.8	上位穗上叶叶长（cm）	54.5	雄穗一级分枝数	少
穗位高（cm）	25.0	上位穗上叶叶宽（cm）	5.4	雄穗长度（cm）	20.2
果穗考种特征					
穗长（cm）	11.0	穗粗（cm）	3.8	秃尖长（cm）	0.8
穗行数	12～14	行粒数	24.0	百粒重（g）	11.9
鲜籽粒主要成分					
水分（%）	75.91	淀粉（mg/g，FW）	44.98	可溶性糖（mg/g，FW）	49.72
粗蛋白（mg/g，FW）	25.14	粗脂肪（%）	1.96	粗纤维（%）	0.96
食味品质					
甜度	中等	风味	中等	爽脆度	中等
果皮厚度	中等				

GAOY10-4-01

种质库编号：C0155

资源类型：自交系

材料来源：杂交种选系

观测地点：广州市天河区

保存单位：广东省农业科学院作物研究所

特征特性：株型紧凑；雄穗护颖黄绿色，花药黄绿色，花丝黄绿色；雌穗包被完整，果穗柱形。

最佳采收期籽粒食味品质中等，果皮较厚。

成熟后籽粒橙黄色，穗轴白色。

农艺性状					
株高（cm）	149.9	上位穗上叶叶长（cm）	67.7	雄穗一级分枝数	中
穗位高（cm）	42.9	上位穗上叶叶宽（cm）	6.6	雄穗长度（cm）	23.9
果穗考种特征					
穗长（cm）	10.1	穗粗（cm）	3.9	秃尖长（cm）	0.2
穗行数	12~16	行粒数	19.4	百粒重（g）	14.1
鲜籽粒主要成分					
水分（%）	73.06	淀粉（mg/g，FW）	37.77	可溶性糖（mg/g，FW）	57.14
粗蛋白（mg/g，FW）	34.57	粗脂肪（%）	1.69	粗纤维（%）	1.01
食味品质					
甜度	中等	风味	中等	爽脆度	中等
果皮厚度	差				

KUPL-02

种质库编号：C0158

资源类型：自交系

材料来源：先正达公司杂交种库普拉选系

观测地点：广州市天河区

保存单位：广东省农业科学院作物研究所

特征特性：株型紧凑；叶片宽大；雄穗护颖黄绿色，花药黄绿色，花丝黄绿色；雌穗包被完整，果穗柱形。

最佳采收期籽粒甜度高，风味好，爽脆。

成熟后籽粒橙黄色，穗轴白色。

农艺性状					
株高（cm）	121.9	上位穗上叶叶长（cm）	59.2	雄穗一级分枝数	中
穗位高（cm）	45.3	上位穗上叶叶宽（cm）	8.1	雄穗长度（cm）	22.5
果穗考种特征					
穗长（cm）	8.6	穗粗（cm）	3.7	秃尖长（cm）	1.1
穗行数	14～16	行粒数	15.2	百粒重（g）	11.7
鲜籽粒主要成分					
水分（%）	72.41	淀粉（mg/g，FW）	40.32	可溶性糖（mg/g，FW）	90.36
粗蛋白（mg/g，FW）	27.84	粗脂肪（%）	1.71	粗纤维（%）	1.11
食味品质					
甜度	优	风味	优	爽脆度	优
果皮厚度	中等				

GUOQ11T3-01

种质库编号：C0159

资源类型：自交系

材料来源：杂交种选系

观测地点：广州市天河区

保存单位：广东省农业科学院作物研究所

特征特性：幼苗叶色深绿。株型平展；雄穗轻度败育，护颖黄绿色，花药黄绿色，花丝黄绿色；雌穗包被完整，果穗柱形。

最佳采收期籽粒食味品质中等。

成熟后籽粒浅黄色，穗轴白色。

农艺性状					
株高（cm）	160.7	上位穗上叶叶长（cm）	56.2	雄穗一级分枝数	中
穗位高（cm）	53.4	上位穗上叶叶宽（cm）	7.6	雄穗长度（cm）	26.0
果穗考种特征					
穗长（cm）	11.3	穗粗（cm）	3.9	秃尖长（cm）	0
穗行数	16~18	行粒数	22.7	百粒重（g）	12.4
鲜籽粒主要成分					
水分（%）	71.41	淀粉（mg/g，FW）	38.41	可溶性糖（mg/g，FW）	96.92
粗蛋白（mg/g，FW）	34.06	粗脂肪（%）	1.76	粗纤维（%）	0.93
食味品质					
甜度	中等	风味	中等	爽脆度	优
果皮厚度	中等				

GUOQ11T3-02

种质库编号：C0160

资源类型：自交系

材料来源：杂交种选系

观测地点：广州市天河区

保存单位：广东省农业科学院作物研究所

特征特性：株型平展；雄穗护颖黄绿色，花药黄绿色，花粉量大、花丝黄绿色；雌穗包被完整，果穗柱形。

最佳采收期籽粒果皮厚度中等，甜度高，爽脆。

成熟后籽粒黄色，穗轴白色。

农艺性状					
株高（cm）	156.1	上位穗上叶叶长（cm）	56.3	雄穗一级分枝数	中
穗位高（cm）	50.1	上位穗上叶叶宽（cm）	8.2	雄穗长度（cm）	27.2
果穗考种特征					
穗长（cm）	11.5	穗粗（cm）	3.7	秃尖长（cm）	1.2
穗行数	14~16	行粒数	22.9	百粒重（g）	11.2
鲜籽粒主要成分					
水分（%）	71.59	淀粉（mg/g，FW）	34.42	可溶性糖（mg/g，FW）	93.03
粗蛋白（mg/g，FW）	34.87	粗脂肪（%）	1.27	粗纤维（%）	0.79
食味品质					
甜度	优	风味	中等	爽脆度	优
果皮厚度	中等				

GUOQ11T8-01

种质库编号：C0161

资源类型：自交系

材料来源：杂交种选系

观测地点：广州市天河区

保存单位：广东省农业科学院作物研究所

特征特性：株型半紧凑；雄穗护颖黄绿色，花药黄绿色，花丝黄绿色；雌穗包被完整，果穗柱形。

最佳采收期籽粒食味品质优，果皮薄，甜度高，风味好，爽脆。

成熟后籽粒黄色，穗轴白色。

农艺性状					
株高（cm）	117.3	上位穗上叶叶长（cm）	59.5	雄穗一级分枝数	中
穗位高（cm）	34.1	上位穗上叶叶宽（cm）	8.4	雄穗长度（cm）	20.9
果穗考种特征					
穗长（cm）	8.4	穗粗（cm）	3.8	秃尖长（cm）	0.3
穗行数	12~14	行粒数	18.5	百粒重（g）	9.8
鲜籽粒主要成分					
水分（%）	75.39	淀粉（mg/g，FW）	18.41	可溶性糖（mg/g，FW）	97.49
粗蛋白（mg/g，FW）	27.33	粗脂肪（%）	1.56	粗纤维（%）	0.93
食味品质					
甜度	优	风味	优	爽脆度	优
果皮厚度	优				

GUOQ11T8-02

种质库编号：C0162

资源类型：自交系

材料来源：杂交种选系

观测地点：广州市天河区

保存单位：广东省农业科学院作物研究所

特征特性：株型半紧凑，叶片宽大，喇叭口期有卷心表现；雄穗护颖黄绿色，花药黄绿色，花丝黄绿色，雌雄协调性好；雌穗包被完整，果穗柱形。

最佳采收期籽粒食味品质中等，爽脆。

成熟后籽粒橙黄色，穗轴白色。

农艺性状					
株高（cm）	134.3	上位穗上叶叶长（cm）	65.2	雄穗一级分枝数	多
穗位高（cm）	39.5	上位穗上叶叶宽（cm）	9.3	雄穗长度（cm）	23.6

果穗考种特征					
穗长（cm）	10.4	穗粗（cm）	3.7	秃尖长（cm）	0.5
穗行数	12～14	行粒数	22.2	百粒重（g）	10.4

鲜籽粒主要成分					
水分（%）	72.98	淀粉（mg/g，FW）	20.17	可溶性糖（mg/g，FW）	76.85
粗蛋白（mg/g，FW）	33.09	粗脂肪（%）	2.52	粗纤维（%）	1.40

食味品质					
甜度	中等	风味	中等	爽脆度	优
果皮厚度	中等				

GUOQ11T11-01

种质库编号：C0163

资源类型：自交系

材料来源：杂交种选系

观测地点：广州市天河区

保存单位：广东省农业科学院作物研究所

特征特性：株型半紧凑；雄穗紧凑上冲，护颖黄绿色，花药黄绿色，花丝黄绿色；雌穗包被完整，长穗柄，果穗柱形，有秃尖。

最佳采收期籽粒食味品质中等。

成熟后籽粒橙黄色，穗轴白色。

农艺性状					
株高（cm）	131.5	上位穗上叶叶长（cm）	51.0	雄穗一级分枝数	中
穗位高（cm）	46.4	上位穗上叶叶宽（cm）	7.4	雄穗长度（cm）	21.4
果穗考种特征					
穗长（cm）	10.4	穗粗（cm）	3.4	秃尖长（cm）	1.5
穗行数	10~12	行粒数	16.7	百粒重（g）	14.8
鲜籽粒主要成分					
水分（%）	77.15	淀粉（mg/g，FW）	24.39	可溶性糖（mg/g，FW）	53.85
粗蛋白（mg/g，FW）	35.24	粗脂肪（%）	2.24	粗纤维（%）	1.09
食味品质					
甜度	中等	风味	中等	爽脆度	中等
果皮厚度	中等				

921SQ-01

种质库编号：C0167

资源类型：自交系

材料来源：泰国杂交种选系

观测地点：广州市天河区

保存单位：广东省农业科学院作物研究所

特征特性：株型紧凑；雄穗紧凑上冲，护颖黄绿色，花药黄绿色，花丝黄绿色；雌穗包被完整，果穗柱形，有秃尖。

最佳采收期籽粒食味品质中等，爽脆。

成熟后籽粒黄色，穗轴白色。

农艺性状					
株高（cm）	146.9	上位穗上叶叶长（cm）	72.9	雄穗一级分枝数	中
穗位高（cm）	47.5	上位穗上叶叶宽（cm）	5.1	雄穗长度（cm）	23.8
果穗考种特征					
穗长（cm）	10.9	穗粗（cm）	3.7	秃尖长（cm）	2.0
穗行数	10～14	行粒数	17.3	百粒重（g）	14.8
鲜籽粒主要成分					
水分（%）	77.25	淀粉（mg/g，FW）	35.39	可溶性糖（mg/g，FW）	52.88
粗蛋白（mg/g，FW）	30.82	粗脂肪（%）	1.54	粗纤维（%）	0.59
食味品质					
甜度	中等	风味	中等	爽脆度	优
果皮厚度	中等				

QUN1-21

种质库编号：C0169

资源类型：自交系

材料来源：温带甜玉米群体选系

观测地点：广州市天河区

保存单位：广东省农业科学院作物研究所

特征特性：株型平展；雄穗护颖黄绿色，花药黄绿色，花丝黄绿色；雌穗双穗率高，包被不完整，露尖，有副穗，果穗柱形，有秃尖。

最佳采收期籽粒食味品质中等，爽脆。

成熟后籽粒橘黄色，穗轴白色。

农艺性状					
株高（cm）	171.3	上位穗上叶叶长（cm）	56.9	雄穗一级分枝数	中
穗位高（cm）	59.7	上位穗上叶叶宽（cm）	8.3	雄穗长度（cm）	26.3
果穗考种特征					
穗长（cm）	11.3	穗粗（cm）	3.9	秃尖长（cm）	1.3
穗行数	14~16	行粒数	17.6	百粒重（g）	15.2
鲜籽粒主要成分					
水分（%）	78.10	淀粉（mg/g，FW）	22.13	可溶性糖（mg/g，FW）	46.23
粗蛋白（mg/g，FW）	35.20	粗脂肪（%）	1.95	粗纤维（%）	1.23
食味品质					
甜度	中等	风味	中等	爽脆度	优
果皮厚度	中等				

HUAMTSW-1

种质库编号：C0171

资源类型：自交系

材料来源：华美甜8号选系

观测地点：广州市天河区

保存单位：广东省农业科学院作物研究所

特征特性：株型紧凑；雄穗护颖黄绿色，花药黄绿色，花丝黄绿色；雌穗包被完整，果穗柱形。

最佳采收期籽粒果皮薄，甜度和风味中等，爽脆。

成熟后籽粒白色，穗轴白色。

农艺性状					
株高（cm）	124.9	上位穗上叶叶长（cm）	53.5	雄穗一级分枝数	少
穗位高（cm）	39.3	上位穗上叶叶宽（cm）	7.4	雄穗长度（cm）	23.1
果穗考种特征					
穗长（cm）	12.6	穗粗（cm）	3.5	秃尖长（cm）	1.4
穗行数	10～12	行粒数	27.1	百粒重（g）	11.6
鲜籽粒主要成分					
水分（%）	73.15	淀粉（mg/g，FW）	42.02	可溶性糖（mg/g，FW）	46.79
粗蛋白（mg/g，FW）	38.81	粗脂肪（%）	1.06	粗纤维（%）	1.01
食味品质					
甜度	中等	风味	中等	爽脆度	优
果皮厚度	优				

MEI225-2

种质库编号：C0173

资源类型：自交系

材料来源：美国CrookHam公司杂交种选系

观测地点：广州市天河区

保存单位：广东省农业科学院作物研究所

特征特性：株型平展；雄穗护颖黄绿色，花药黄绿色，花丝黄绿色；雌穗包被完整，果穗柱形，有秃尖。

最佳采收期籽粒果皮薄，甜度高，爽脆。

成熟后籽粒黄色，穗轴白色。

农艺性状					
株高（cm）	121.5	上位穗上叶叶长（cm）	48.1	雄穗一级分枝数	中
穗位高（cm）	34.3	上位穗上叶叶宽（cm）	7.3	雄穗长度（cm）	21.5
果穗考种特征					
穗长（cm）	11.9	穗粗（cm）	3.7	秃尖长（cm）	1.8
穗行数	14～16	行粒数	21.0	百粒重（g）	9.4
鲜籽粒主要成分					
水分（%）	76.47	淀粉（mg/g，FW）	27.86	可溶性糖（mg/g，FW）	82.47
粗蛋白（mg/g，FW）	28.35	粗脂肪（%）	1.33	粗纤维（%）	0.72
食味品质					
甜度	优	风味	中等	爽脆度	优
果皮厚度	优				

SHANYCT-1

种质库编号：C0175

资源类型：自交系

材料来源：杂交种选系

观测地点：广州市天河区

保存单位：广东省农业科学院作物研究所

特征特性：植株细高，株型平展；雄穗护颖黄绿色，花药黄绿色，花丝黄绿色；雌穗穗位低，包被完整，有旗叶，果穗柱形。

最佳采收期籽粒果皮薄，甜度较高，风味好，爽脆。

成熟后籽粒橙黄色，穗轴白色。

农艺性状					
株高（cm）	137.1	上位穗上叶叶长（cm）	63.9	雄穗一级分枝数	少
穗位高（cm）	23.0	上位穗上叶叶宽（cm）	6.5	雄穗长度（cm）	26.8
果穗考种特征					
穗长（cm）	12.0	穗粗（cm）	2.9	秃尖长（cm）	0.4
穗行数	10～12	行粒数	20.3	百粒重（g）	11.2
鲜籽粒主要成分					
水分（%）	74.56	淀粉（mg/g，FW）	25.63	可溶性糖（mg/g，FW）	69.62
粗蛋白（mg/g，FW）	34.22	粗脂肪（%）	1.71	粗纤维（%）	0.90
食味品质					
甜度	中等	风味	优	爽脆度	优
果皮厚度	优				

GAOY12-7-01

种质库编号：C0176

资源类型：自交系

材料来源：杂交种选系

观测地点：广州市天河区

保存单位：广东省农业科学院作物研究所

特征特性：株型平展；雄穗护颖黄绿色，花药黄绿色，花丝黄绿色；雌穗包被完整，果穗柱形。

最佳采收期籽粒甜度中等，较爽脆，但果皮较厚，风味较差。

成熟后籽粒橙黄色，穗轴白色。

农艺性状					
株高（cm）	128.1	上位穗上叶叶长（cm）	60.7	雄穗一级分枝数	中
穗位高（cm）	32.1	上位穗上叶叶宽（cm）	7.7	雄穗长度（cm）	23.2
果穗考种特征					
穗长（cm）	10.5	穗粗（cm）	4.3	秃尖长（cm）	1.4
穗行数	12~16	行粒数	17.3	百粒重（g）	16.3
鲜籽粒主要成分					
水分（%）	69.46	淀粉（mg/g，FW）	67.73	可溶性糖（mg/g，FW）	54.77
粗蛋白（mg/g，FW）	43.93	粗脂肪（%）	2.55	粗纤维（%）	1.04
食味品质					
甜度	中等	风味	差	爽脆度	中等
果皮厚度	差				

GAOY12-10-01

种质库编号：C0177

资源类型：自交系

材料来源：杂交种选系

观测地点：广州市天河区

保存单位：广东省农业科学院作物研究所

特征特性：株型半紧凑；雄穗护颖黄绿色，花药黄绿色，花丝黄绿色；雌穗包被完整，果穗柱形。

最佳采收期籽粒食味品质中等。

成熟后籽粒黄色，穗轴白色。

农艺性状					
株高（cm）	110.5	上位穗上叶叶长（cm）	52.1	雄穗一级分枝数	中
穗位高（cm）	28.0	上位穗上叶叶宽（cm）	8.0	雄穗长度（cm）	21.5
果穗考种特征					
穗长（cm）	9.0	穗粗（cm）	3.5	秃尖长（cm）	0
穗行数	10～12	行粒数	17.5	百粒重（g）	12.8
鲜籽粒主要成分					
水分（%）	72.64	淀粉（mg/g，FW）	41.69	可溶性糖（mg/g，FW）	60.79
粗蛋白（mg/g，FW）	35.75	粗脂肪（%）	2.08	粗纤维（%）	1.03
食味品质					
甜度	中等	风味	中等	爽脆度	中等
果皮厚度	中等				

GAOY12-10-02

种质库编号：C0178

资源类型：自交系

材料来源：杂交种选系

观测地点：广州市天河区

保存单位：广东省农业科学院作物研究所

特征特性：株型半紧凑；雄穗护颖黄绿色，花药黄绿色，花丝黄绿色；雌穗包被完整，果穗柱形。

最佳采收期籽粒果皮较薄，甜度较高，风味佳，爽脆。

成熟后籽粒白色，穗轴白色。

农艺性状					
株高（cm）	128.3	上位穗上叶叶长（cm）	63.3	雄穗一级分枝数	中
穗位高（cm）	36.3	上位穗上叶叶宽（cm）	7.0	雄穗长度（cm）	24.4

果穗考种特征					
穗长（cm）	10.1	穗粗（cm）	3.7	秃尖长（cm）	1.0
穗行数	10～12	行粒数	19.6	百粒重（g）	13.0

鲜籽粒主要成分					
水分（%）	75.83	淀粉（mg/g，FW）	22.72	可溶性糖（mg/g，FW）	85.92
粗蛋白（mg/g，FW）	29.57	粗脂肪（%）	1.68	粗纤维（%）	0.79

食味品质					
甜度	中等	风味	优	爽脆度	优
果皮厚度	中等				

GAOY12-10-03

种质库编号：C0179

资源类型：自交系

材料来源：杂交种选系

观测地点：广州市天河区

保存单位：广东省农业科学院作物研究所

特征特性：株型半紧凑；雄穗护颖黄绿色，花药黄绿色，花丝黄绿色；雌穗包被完整，果穗柱形。

最佳采收期籽粒食味品质中等，爽脆。

成熟后籽粒白色，穗轴白色。

农艺性状					
株高（cm）	122.1	上位穗上叶叶长（cm）	64.5	雄穗一级分枝数	多
穗位高（cm）	34.9	上位穗上叶叶宽（cm）	7.6	雄穗长度（cm）	25.1
果穗考种特征					
穗长（cm）	11.1	穗粗（cm）	3.4	秃尖长（cm）	0.9
穗行数	10～12	行粒数	22.2	百粒重（g）	13.8
鲜籽粒主要成分					
水分（%）	76.53	淀粉（mg/g，FW）	27.22	可溶性糖（mg/g，FW）	73.22
粗蛋白（mg/g，FW）	38.08	粗脂肪（%）	2.09	粗纤维（%）	0.96
食味品质					
甜度	中等	风味	中等	爽脆度	优
果皮厚度	中等				

GAOY12-17-01

种质库编号：C0181

资源类型：自交系

材料来源：杂交种选系

观测地点：广州市天河区

保存单位：广东省农业科学院作物研究所

特征特性：株型半紧凑；雄穗紧凑上冲，护颖黄绿色，花药黄绿色，花丝黄绿色，雌雄协调性好；雌穗包被完整，果穗柱形。

最佳采收期籽粒果皮薄，甜度较高，风味较好。

成熟后籽粒橙黄色，穗轴白色。

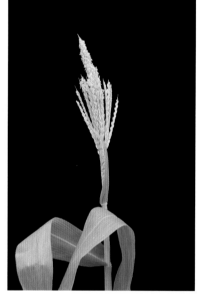

农艺性状					
株高（cm）	149.1	上位穗上叶叶长（cm）	66.1	雄穗一级分枝数	中
穗位高（cm）	47.4	上位穗上叶叶宽（cm）	8.5	雄穗长度（cm）	27.5
果穗考种特征					
穗长（cm）	9.3	穗粗（cm）	3.5	秃尖长（cm）	1.2
穗行数	16～18	行粒数	17.2	百粒重（g）	10.4
鲜籽粒主要成分					
水分（%）	75.10	淀粉（mg/g，FW）	33.92	可溶性糖（mg/g，FW）	54.15
粗蛋白（mg/g，FW）	39.04	粗脂肪（%）	2.86	粗纤维（%）	1.28
食味品质					
甜度	中等	风味	中等	爽脆度	中等
果皮厚度	优				

AOFL-01

种质库编号：C0182

资源类型：自交系

材料来源：先正达公司杂交种奥芙兰选系

观测地点：广州市天河区

保存单位：广东省农业科学院作物研究所

特征特性：株型平展；雄穗护颖黄绿色，花药黄绿色，花丝黄绿色；雌穗包被完整，有旗叶，果穗柱形。

最佳采收期籽粒食味品质中等。

成熟后籽粒橘黄色，穗轴白色。

农艺性状					
株高（cm）	118.2	上位穗上叶叶长（cm）	59.3	雄穗一级分枝数	中
穗位高（cm）	35.5	上位穗上叶叶宽（cm）	7.8	雄穗长度（cm）	24.2
果穗考种特征					
穗长（cm）	10.2	穗粗（cm）	3.4	秃尖长（cm）	0.3
穗行数	12～14	行粒数	22.1	百粒重（g）	9.3
鲜籽粒主要成分					
水分（%）	79.76	淀粉（mg/g，FW）	23.98	可溶性糖（mg/g，FW）	39.17
粗蛋白（mg/g，FW）	37.11	粗脂肪（%）	2.32	粗纤维（%）	1.73
食味品质					
甜度	中等	风味	中等	爽脆度	中等
果皮厚度	中等				

SC1388-1

种质库编号：C0183

资源类型：自交系

材料来源：泰国杂交种选系

观测地点：广州市天河区

保存单位：广东省农业科学院作物研究所

特征特性：株型半紧凑；叶片窄；雄穗护颖黄绿色，花药黄绿色，花丝黄绿色；雌穗包被完整，果穗柱形。

最佳采收期籽粒食味品质中等。

成熟后籽粒浅黄色，穗轴白色。

农艺性状					
株高（cm）	143.5	上位穗上叶叶长（cm）	60.7	雄穗一级分枝数	中
穗位高（cm）	43.7	上位穗上叶叶宽（cm）	5.4	雄穗长度（cm）	24.2
果穗考种特征					
穗长（cm）	11.4	穗粗（cm）	3.4	秃尖长（cm）	0
穗行数	12~14	行粒数	16.8	百粒重（g）	14.2
鲜籽粒主要成分					
水分（%）	72.70	淀粉（mg/g，FW）	43.37	可溶性糖（mg/g，FW）	64.53
粗蛋白（mg/g，FW）	37.62	粗脂肪（%）	1.90	粗纤维（%）	1.30
食味品质					
甜度	中等	风味	中等	爽脆度	中等
果皮厚度	中等				

QUN1-23

种质库编号：C0186

资源类型：自交系

材料来源：温带甜玉米群体选系

观测地点：广州市天河区

保存单位：广东省农业科学院作物研究所

特征特性：幼苗叶色浅绿。株型紧凑上冲；雄穗护颖黄绿色，花药黄绿色，花丝黄绿色；雌穗包被完整，果穗柱形。

最佳采收期籽粒甜度高，爽脆，风味较好。

成熟后籽粒橙黄色，穗轴白色。

农艺性状					
株高（cm）	156.5	上位穗上叶叶长（cm）	65.1	雄穗一级分枝数	少
穗位高（cm）	52.4	上位穗上叶叶宽（cm）	6.4	雄穗长度（cm）	21.9
果穗考种特征					
穗长（cm）	10.1	穗粗（cm）	4.0	秃尖长（cm）	0.1
穗行数	14～16	行粒数	22.8	百粒重（g）	12.2
鲜籽粒主要成分					
水分（%）	71.57	淀粉（mg/g，FW）	47.22	可溶性糖（mg/g，FW）	58.69
粗蛋白（mg/g，FW）	39.02	粗脂肪（%）	1.49	粗纤维（%）	1.23
食味品质					
甜度	优	风味	中等	爽脆度	优
果皮厚度	中等				

QUN1-24

种质库编号：C0187

资源类型：自交系

材料来源：温带甜玉米群体选系

观测地点：广州市天河区

保存单位：广东省农业科学院作物研究所

特征特性：株型紧凑；雄穗紧凑上冲，护颖黄绿色，花药黄绿色，花丝黄绿色；雌穗包被完整，果穗柱形。

最佳采收期籽粒食味品质中等。

成熟后籽粒橘黄色，穗轴白色。

农艺性状					
株高（cm）	155.5	上位穗上叶叶长（cm）	66.9	雄穗一级分枝数	中
穗位高（cm）	53.5	上位穗上叶叶宽（cm）	6.7	雄穗长度（cm）	23.9
果穗考种特征					
穗长（cm）	8.3	穗粗（cm）	3.8	秃尖长（cm）	0.2
穗行数	12～16	行粒数	17.4	百粒重（g）	11.8
鲜籽粒主要成分					
水分（%）	70.45	淀粉（mg/g，FW）	59.70	可溶性糖（mg/g，FW）	57.22
粗蛋白（mg/g，FW）	45.26	粗脂肪（%）	2.45	粗纤维（%）	1.48
食味品质					
甜度	中等	风味	中等	爽脆度	中等
果皮厚度	中等				

QUN2-20

种质库编号：C0189

资源类型：自交系

材料来源：温带与热带混合群体选系

观测地点：广州市天河区

保存单位：广东省农业科学院作物研究所

特征特性：株型半紧凑，穗位低；雄穗护颖黄绿色，花药黄绿色，花丝黄绿色；雌穗包被完整，果穗柱形，短粗。

最佳采收期籽粒食味品质中等，果皮较厚。

成熟后籽粒橘黄色，穗轴白色。

农艺性状					
株高（cm）	135.9	上位穗上叶叶长（cm）	55.7	雄穗一级分枝数	中
穗位高（cm）	42.7	上位穗上叶叶宽（cm）	5.5	雄穗长度（cm）	18.2
果穗考种特征					
穗长（cm）	9.5	穗粗（cm）	4.0	秃尖长（cm）	1.0
穗行数	14～18	行粒数	20.5	百粒重（g）	9.5
鲜籽粒主要成分					
水分（%）	69.21	淀粉（mg/g，FW）	19.25	可溶性糖（mg/g，FW）	101.13
粗蛋白（mg/g，FW）	40.30	粗脂肪（%）	1.79	粗纤维（%）	0.88
食味品质					
甜度	中等	风味	中等	爽脆度	中等
果皮厚度	差				

NONGBW

种质库编号：C0193

资源类型：自交系

材料来源：金凤5号选系

观测地点：广州市天河区

保存单位：广东省农业科学院作物研究所

特征特性：株型平展；雄穗护颖黄绿色，花药黄绿色，花丝黄绿色；雌穗包被完整，果穗柱形。

最佳采收期籽粒食味品质中等。

成熟后籽粒白色，穗轴白色。

农艺性状					
株高（cm）	129.1	上位穗上叶叶长（cm）	63.9	雄穗一级分枝数	中
穗位高（cm）	38.3	上位穗上叶叶宽（cm）	7.0	雄穗长度（cm）	24.9
果穗考种特征					
穗长（cm）	12.1	穗粗（cm）	3.8	秃尖长（cm）	1.2
穗行数	12～14	行粒数	21.2	百粒重（g）	13.8
鲜籽粒主要成分					
水分（%）	78.97	淀粉（mg/g，FW）	30.34	可溶性糖（mg/g，FW）	48.65
粗蛋白（mg/g，FW）	30.97	粗脂肪（%）	1.85	粗纤维（%）	0.72
食味品质					
甜度	中等	风味	中等	爽脆度	中等
果皮厚度	中等				

MAIGLM

种质库编号：C0194

资源类型：自交系

材料来源：先正达公司杂交种Magnum选系

观测地点：广州市天河区

保存单位：广东省农业科学院作物研究所

特征特性：株型平展；雄穗分枝数少，护颖黄绿色，花药黄绿色，花丝黄绿色；雌穗包被完整，具有较长旗叶，长穗柄，果穗柱形，穗行排列不整齐。

最佳采收期籽粒食味品质中等。

成熟后籽粒橘黄色，穗轴白色。

农艺性状					
株高（cm）	128.5	上位穗上叶叶长（cm）	55.3	雄穗一级分枝数	少
穗位高（cm）	39.3	上位穗上叶叶宽（cm）	7.6	雄穗长度（cm）	24.1
果穗考种特征					
穗长（cm）	10.5	穗粗（cm）	3.5	秃尖长（cm）	0.6
穗行数	12~14	行粒数	19.4	百粒重（g）	13.4
鲜籽粒主要成分					
水分（%）	73.14	淀粉（mg/g，FW）	36.82	可溶性糖（mg/g，FW）	56.12
粗蛋白（mg/g，FW）	42.29	粗脂肪（%）	2.80	粗纤维（%）	0.71
食味品质					
甜度	中等	风味	中等	爽脆度	中等
果皮厚度	中等				

WUAW204T

种质库编号：C0195

资源类型：自交系

材料来源：美国杂交种华威204选系

观测地点：广州市天河区

保存单位：广东省农业科学院作物研究所

特征特性：植株高，株型半紧凑；雄穗护颖黄绿色，花药黄绿色，花丝黄绿色；雌穗包被完整，果穗柱形，穗行排列不整齐，有秃尖。

最佳采收期籽粒甜度高，风味好，爽脆度中等。

成熟后籽粒橙黄色，穗轴白色。

农艺性状					
株高（cm）	143.7	上位穗上叶叶长（cm）	60.5	雄穗一级分枝数	中
穗位高（cm）	36.3	上位穗上叶叶宽（cm）	6.8	雄穗长度（cm）	26.1
果穗考种特征					
穗长（cm）	11.5	穗粗（cm）	3.6	秃尖长（cm）	2.1
穗行数	12~14	行粒数	19.7	百粒重（g）	13.9
鲜籽粒主要成分					
水分（%）	70.29	淀粉（mg/g，FW）	39.69	可溶性糖（mg/g，FW）	68.77
粗蛋白（mg/g，FW）	39.30	粗脂肪（%）	3.25	粗纤维（%）	0.72
食味品质					
甜度	优	风味	优	爽脆度	中等
果皮厚度	中等				

XINM208

种质库编号：C0196

资源类型：自交系

材料来源：杂交种新美208选系

观测地点：广州市天河区

保存单位：广东省农业科学院作物研究所

特征特性：株型半紧凑；叶片宽大；雄穗护颖黄绿色，花药黄绿色，花丝黄绿色；雌穗包被完整，果穗柱形。

最佳采收期籽粒甜度中等，风味佳，爽脆。

成熟后籽粒橘黄色，穗轴白色。

农艺性状					
株高（cm）	129.9	上位穗上叶叶长（cm）	73.2	雄穗一级分枝数	多
穗位高（cm）	38.4	上位穗上叶叶宽（cm）	8.0	雄穗长度（cm）	25.9
果穗考种特征					
穗长（cm）	10.1	穗粗（cm）	4.0	秃尖长（cm）	0.8
穗行数	14～16	行粒数	16.9	百粒重（g）	11.3
鲜籽粒主要成分					
水分（%）	75.91	淀粉（mg/g，FW）	31.21	可溶性糖（mg/g，FW）	57.49
粗蛋白（mg/g，FW）	34.66	粗脂肪（%）	2.82	粗纤维（%）	0.61
食味品质					
甜度	中等	风味	优	爽脆度	优
果皮厚度	中等				

SC858

种质库编号：C0197

资源类型：自交系

材料来源：SC858杂交种选系

观测地点：广州市天河区

保存单位：广东省农业科学院作物研究所

特征特性：株型半紧凑；雄穗护颖黄绿色，花药黄绿色，花丝黄绿色；雌穗包被完整，果穗柱形。

最佳采收期籽粒食味品质中等。

成熟后籽粒橘黄色，穗轴白色，籽粒与穗轴连接力强。

农艺性状					
株高（cm）	144.6	上位穗上叶叶长（cm）	62.3	雄穗一级分枝数	中
穗位高（cm）	51.0	上位穗上叶叶宽（cm）	7.9	雄穗长度（cm）	21.9
果穗考种特征					
穗长（cm）	12.4	穗粗（cm）	3.9	秃尖长（cm）	0.7
穗行数	16～18	行粒数	24.7	百粒重（g）	11.3
鲜籽粒主要成分					
水分（%）	73.41	淀粉（mg/g，FW）	28.39	可溶性糖（mg/g，FW）	59.60
粗蛋白（mg/g，FW）	37.60	粗脂肪（%）	2.13	粗纤维（%）	0.85
食味品质					
甜度	中等	风味	中等	爽脆度	中等
果皮厚度	中等				

YES37

种质库编号：C0198

资源类型：自交系

材料来源：Yes37杂交种选系

观测地点：广州市天河区

保存单位：广东省农业科学院作物研究所

特征特性：株型平展；雄穗护颖黄绿色，花药黄绿色，花丝黄绿色；雌穗包被完整，果穗柱形。

最佳采收期籽粒食味品质中等。

成熟后籽粒黄色，穗轴白色。

农艺性状					
株高（cm）	126.5	上位穗上叶叶长（cm）	55.4	雄穗一级分枝数	多
穗位高（cm）	40.5	上位穗上叶叶宽（cm）	5.8	雄穗长度（cm）	26.7
果穗考种特征					
穗长（cm）	9.9	穗粗（cm）	3.3	秃尖长（cm）	1.1
穗行数	12～14	行粒数	21.8	百粒重（g）	10.8
鲜籽粒主要成分					
水分（%）	70.56	淀粉（mg/g，FW）	52.28	可溶性糖（mg/g，FW）	50.97
粗蛋白（mg/g，FW）	43.36	粗脂肪（%）	3.27	粗纤维（%）	0.72
食味品质					
甜度	中等	风味	中等	爽脆度	中等
果皮厚度	中等				

GAITY6-W

种质库编号：C0199

资源类型：自交系

材料来源：泰国杂交种选系

观测地点：广州市天河区

保存单位：广东省农业科学院作物研究所

特征特性：株型半紧凑；雄穗护颖黄绿色，花药黄绿色，花丝黄绿色；雌穗包被完整，果穗柱形。

最佳采收期籽粒食味品质中等，爽脆。

成熟后籽粒白色，穗轴白色。

农艺性状					
株高（cm）	165.6	上位穗上叶叶长（cm）	67.3	雄穗一级分枝数	中
穗位高（cm）	43.8	上位穗上叶叶宽（cm）	7.2	雄穗长度（cm）	27.3
果穗考种特征					
穗长（cm）	10.6	穗粗（cm）	4.1	秃尖长（cm）	2.1
穗行数	16~18	行粒数	18.9	百粒重（g）	9.8
鲜籽粒主要成分					
水分（%）	78.29	淀粉（mg/g，FW）	17.79	可溶性糖（mg/g，FW）	39.46
粗蛋白（mg/g，FW）	39.25	粗脂肪（%）	2.58	粗纤维（%）	0.84
食味品质					
甜度	中等	风味	中等	爽脆度	优
果皮厚度	中等				

ZHONGXT3H

种质库编号：C0200

资源类型：自交系

材料来源：杂交种仲鲜甜 3 号选系

观测地点：广州市天河区

保存单位：广东省农业科学院作物研究所

特征特性：株型紧凑；雄穗护颖黄绿色，花药黄绿色，花丝黄绿色；雌穗包被完整，果穗柱形。

最佳采收期籽粒食味品质优，甜度高，风味好，爽脆。

成熟后籽粒橙黄色，穗轴白色。

农艺性状					
株高（cm）	148.0	上位穗上叶叶长（cm）	73.1	雄穗一级分枝数	中
穗位高（cm）	32.7	上位穗上叶叶宽（cm）	7.8	雄穗长度（cm）	27.5
果穗考种特征					
穗长（cm）	12.9	穗粗（cm）	4.0	秃尖长（cm）	1.5
穗行数	12~16	行粒数	26.6	百粒重（g）	12.4
鲜籽粒主要成分					
水分（%）	74.17	淀粉（mg/g，FW）	40.98	可溶性糖（mg/g，FW）	51.98
粗蛋白（mg/g，FW）	34.70	粗脂肪（%）	1.62	粗纤维（%）	0.69
食味品质					
甜度	优	风味	优	爽脆度	优
果皮厚度	中等				

QUN1-27

种质库编号：C0201

资源类型：自交系

材料来源：温带甜玉米群体选系

观测地点：广州市天河区

保存单位：广东省农业科学院作物研究所

特征特性：株型半紧凑；雄穗护颖黄绿色，花药黄绿色，花丝黄绿色；雌穗包被完整，果穗柱形。

最佳采收期籽粒果皮较薄，甜度高，爽脆。

成熟后籽粒和穗轴均为白色。

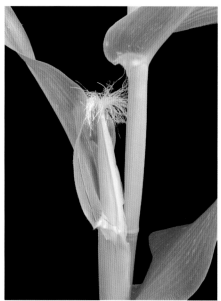

农艺性状					
株高（cm）	142.3	上位穗上叶叶长（cm）	50.4	雄穗一级分枝数	中
穗位高（cm）	48.2	上位穗上叶叶宽（cm）	8.7	雄穗长度（cm）	26.3
果穗考种特征					
穗长（cm）	10.8	穗粗（cm）	3.5	秃尖长（cm）	0
穗行数	12～14	行粒数	19.8	百粒重（g）	13.2
鲜籽粒主要成分					
水分（%）	75.02	淀粉（mg/g，FW）	35.27	可溶性糖（mg/g，FW）	57.03
粗蛋白（mg/g，FW）	38.23	粗脂肪（%）	1.52	粗纤维（%）	0.69
食味品质					
甜度	优	风味	中等	爽脆度	优
果皮厚度	中等				

HUABT8H

种质库编号：C0202

资源类型：自交系

材料来源：杂交种华宝 8 号选系

观测地点：广州市天河区

保存单位：广东省农业科学院作物研究所

特征特性：株型半紧凑；雄穗护颖黄绿色，花药黄绿色，花丝黄绿色；雌穗包被完整，果穗柱形。

最佳采收期籽粒食味品质中等。

成熟后籽粒橘黄色，穗轴白色。

农艺性状					
株高（cm）	123.5	上位穗上叶叶长（cm）	61.2	雄穗一级分枝数	多
穗位高（cm）	44.1	上位穗上叶叶宽（cm）	9.1	雄穗长度（cm）	23.7
果穗考种特征					
穗长（cm）	11.2	穗粗（cm）	3.5	秃尖长（cm）	1.2
穗行数	12~14	行粒数	22.6	百粒重（g）	13.4
鲜籽粒主要成分					
水分（%）	71.17	淀粉（mg/g，FW）	27.47	可溶性糖（mg/g，FW）	76.04
粗蛋白（mg/g，FW）	44.85	粗脂肪（%）	1.79	粗纤维（%）	1.26
食味品质					
甜度	中等	风味	中等	爽脆度	中等
果皮厚度	中等				

TAIFF

种质库编号：C0204

资源类型：自交系

材料来源：泰国引进的自交系

观测地点：广州市天河区

保存单位：广东省农业科学院作物研究所

特征特性：株型半紧凑；雄穗护颖黄绿色，花药黄绿色，花丝黄绿色；雌穗包被完整，果穗柱形。

最佳采收期籽粒食味品质优，果皮薄，甜度高，风味好，爽脆。

成熟后籽粒橙黄色，穗轴白色。

农艺性状					
株高（cm）	143.1	上位穗上叶叶长（cm）	76.5	雄穗一级分枝数	少
穗位高（cm）	31.3	上位穗上叶叶宽（cm）	7.8	雄穗长度（cm）	30.6
果穗考种特征					
穗长（cm）	11.1	穗粗（cm）	3.3	秃尖长（cm）	0.9
穗行数	12～14	行粒数	24.0	百粒重（g）	13.3
鲜籽粒主要成分					
水分（%）	73.99	淀粉（mg/g，FW）	38.05	可溶性糖（mg/g，FW）	68.55
粗蛋白（mg/g，FW）	38.64	粗脂肪（%）	1.04	粗纤维（%）	0.68
食味品质					
甜度	优	风味	优	爽脆度	优
果皮厚度	优				

5#-7

种质库编号：C0252

资源类型：自交系

材料来源：山东省农业科学院玉米研究所

观测地点：广州市天河区

保存单位：广东省农业科学院作物研究所

特征特性：株型半紧凑；雄穗护颖黄绿色，花药黄绿色，花丝黄绿色；雌穗包被完整，果穗柱形。

最佳采收期籽粒食味品质中等。

成熟后籽粒橘黄色，穗轴白色。

农艺性状					
株高（cm）	119.5	上位穗上叶叶长（cm）	64.7	雄穗一级分枝数	中
穗位高（cm）	36.5	上位穗上叶叶宽（cm）	7.2	雄穗长度（cm）	25.7
果穗考种特征					
穗长（cm）	10.9	穗粗（cm）	3.7	秃尖长（cm）	2.7
穗行数	12～16	行粒数	19.5	百粒重（g）	12.0
鲜籽粒主要成分					
水分（%）	71.78	淀粉（mg/g，FW）	35.47	可溶性糖（mg/g，FW）	56.97
粗蛋白（mg/g，FW）	39.35	粗脂肪（%）	2.33	粗纤维（%）	0.90
食味品质					
甜度	中等	风味	中等	爽脆度	中等
果皮厚度	中等				

A453Hai-4-2

种质库编号：C0253

资源类型：自交系

材料来源：山东省农业科学院玉米研究所

观测地点：广州市天河区

保存单位：广东省农业科学院作物研究所

特征特性：株型半紧凑；雄穗护颖黄绿色，花药黄绿色，花丝黄绿色；雌穗包被完整，果穗柱形。

最佳采收期籽粒食味品质中等。

成熟后籽粒橘黄色，穗轴白色。

农艺性状					
株高（cm）	129.1	上位穗上叶叶长（cm）	59.4	雄穗一级分枝数	中
穗位高（cm）	43.3	上位穗上叶叶宽（cm）	7.0	雄穗长度（cm）	25.3
果穗考种特征					
穗长（cm）	10.4	穗粗（cm）	3.5	秃尖长（cm）	0.5
穗行数	12~14	行粒数	20.5	百粒重（g）	12.3
鲜籽粒主要成分					
水分（%）	75.66	淀粉（mg/g,FW）	26.25	可溶性糖（mg/g,FW）	52.85
粗蛋白（mg/g,FW）	36.72	粗脂肪（%）	2.08	粗纤维（%）	0.84
食味品质					
甜度	中等	风味	中等	爽脆度	中等
果皮厚度	中等				

A003Hai

种质库编号：C0256

资源类型：自交系

材料来源：山东省农业科学院玉米研究所

观测地点：广州市天河区

保存单位：广东省农业科学院作物研究所

特征特性：幼苗叶色浅绿。株型半紧凑；雄穗护颖黄绿色，花药黄绿色，花丝黄绿色；雌穗包被完整，果穗柱形。

最佳采收期籽粒食味品质中等。

成熟后籽粒黄色，穗轴白色。

农艺性状					
株高（cm）	135.6	上位穗上叶叶长（cm）	62.9	雄穗一级分枝数	多
穗位高（cm）	45.3	上位穗上叶叶宽（cm）	7.4	雄穗长度（cm）	26.3
果穗考种特征					
穗长（cm）	11.7	穗粗（cm）	3.5	秃尖长（cm）	1.6
穗行数	10～12	行粒数	21.3	百粒重（g）	18.6
鲜籽粒主要成分					
水分（%）	70.15	淀粉（mg/g，FW）	53.74	可溶性糖（mg/g，FW）	59.58
粗蛋白（mg/g，FW）	43.95	粗脂肪（%）	2.09	粗纤维（%）	0.98
食味品质					
甜度	中等	风味	中等	爽脆度	中等
果皮厚度	中等				

04DongZ19

种质库编号：C0258

资源类型：自交系

材料来源：山东省农业科学院玉米研究所

观测地点：广州市天河区

保存单位：广东省农业科学院作物研究所

特征特性：幼苗叶色深绿。株型紧凑；叶片宽大；雄穗护颖黄绿色，花药黄绿色，花丝黄绿色；雌穗包被完整，果穗柱形。

最佳采收期籽粒甜度中等，风味较差。

成熟后籽粒黄色，穗轴白色。

农艺性状					
株高（cm）	144.7	上位穗上叶叶长（cm）	57.9	雄穗一级分枝数	多
穗位高（cm）	44.9	上位穗上叶叶宽（cm）	8.8	雄穗长度（cm）	26.0
果穗考种特征					
穗长（cm）	9.8	穗粗（cm）	4.0	秃尖长（cm）	0.3
穗行数	12～14	行粒数	19.5	百粒重（g）	15.8
鲜籽粒主要成分					
水分（%）	74.32	淀粉（mg/g，FW）	43.19	可溶性糖（mg/g，FW）	43.19
粗蛋白（mg/g，FW）	42.64	粗脂肪（%）	1.85	粗纤维（%）	0.84
食味品质					
甜度	中等	风味	差	爽脆度	中等
果皮厚度	差				

HN-6

种质库编号：C0260

资源类型：自交系

材料来源：山东省农业科学院玉米研究所

观测地点：广州市天河区

保存单位：广东省农业科学院作物研究所

特征特性：株型半紧凑；雄穗护颖黄绿色，花药黄绿色，花丝黄绿色；雌穗包被完整，果穗柱形。

最佳采收期籽粒食味品质中等。

成熟后籽粒橘黄色，穗轴白色。

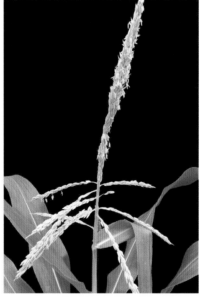

农艺性状					
株高（cm）	147.5	上位穗上叶叶长（cm）	69.6	雄穗一级分枝数	少
穗位高（cm）	49.7	上位穗上叶叶宽（cm）	7.1	雄穗长度（cm）	28.6
果穗考种特征					
穗长（cm）	12.0	穗粗（cm）	4.5	秃尖长（cm）	3.5
穗行数	16～18	行粒数	20.3	百粒重（g）	14.4
鲜籽粒主要成分					
水分（%）	74.70	淀粉（mg/g，FW）	36.13	可溶性糖（mg/g，FW）	64.70
粗蛋白（mg/g，FW）	36.57	粗脂肪（%）	1.91	粗纤维（%）	0.97
食味品质					
甜度	中等	风味	中等	爽脆度	中等
果皮厚度	中等				

xsj2

种质库编号：C0261

资源类型：自交系

材料来源：山东省农业科学院玉米研究所

观测地点：广州市天河区

保存单位：广东省农业科学院作物研究所

特征特性：株型半紧凑；雄穗护颖黄绿色，花药黄绿色，花丝黄绿色；雌穗包被完整，果穗柱形。

最佳采收期籽粒食味品质中等。

成熟后籽粒浅黄色，穗轴白色。

农艺性状					
株高（cm）	121.9	上位穗上叶叶长（cm）	56.1	雄穗一级分枝数	多
穗位高（cm）	38.0	上位穗上叶叶宽（cm）	6.4	雄穗长度（cm）	24.5
果穗考种特征					
穗长（cm）	10.8	穗粗（cm）	3.6	秃尖长（cm）	0.3
穗行数	12~14	行粒数	21.3	百粒重（g）	13.2
鲜籽粒主要成分					
水分（%）	71.52	淀粉（mg/g，FW）	54.98	可溶性糖（mg/g，FW）	59.26
粗蛋白（mg/g，FW）	29.89	粗脂肪（%）	1.16	粗纤维（%）	1.26
食味品质					
甜度	中等	风味	中等	爽脆度	中等
果皮厚度	中等				

A126-1

种质库编号：C0264

资源类型：自交系

材料来源：山东省农业科学院玉米研究所

观测地点：广州市天河区

保存单位：广东省农业科学院作物研究所

特征特性：植株细高，株型平展；雄穗分枝少，护颖黄绿色，花药黄绿色，花丝黄绿色；雌穗包被完整，果穗柱形。

最佳采收期籽粒食味品质优，甜度高，风味好，果皮薄，爽脆。

成熟后籽粒橘黄色，穗轴白色。

农艺性状					
株高（cm）	157.4	上位穗上叶叶长（cm）	53.8	雄穗一级分枝数	少
穗位高（cm）	38.1	上位穗上叶叶宽（cm）	6.1	雄穗长度（cm）	28.7
果穗考种特征					
穗长（cm）	10.8	穗粗（cm）	3.3	秃尖长（cm）	1.3
穗行数	10～12	行粒数	18.8	百粒重（g）	13.3
鲜籽粒主要成分					
水分（%）	72.85	淀粉（mg/g，FW）	38.64	可溶性糖（mg/g，FW）	64.77
粗蛋白（mg/g，FW）	40.18	粗脂肪（%）	2.05	粗纤维（%）	0.97
食味品质					
甜度	优	风味	优	爽脆度	优
果皮厚度	优				

JFM

种质库编号：C0274

资源类型：自交系

材料来源：山东省农业科学院玉米研究所

观测地点：广州市天河区

保存单位：广东省农业科学院作物研究所

特征特性：株型半紧凑；雄穗护颖黄绿色，花药黄绿色，花丝黄绿色；雌穗包被完整，穗行不整齐，果穗柱形。

最佳采收期籽粒食味品质中等。

成熟后籽粒黄色，穗轴白色。

农艺性状					
株高（cm）	138.8	上位穗上叶叶长（cm）	65.3	雄穗一级分枝数	少
穗位高（cm）	31.2	上位穗上叶叶宽（cm）	7.2	雄穗长度（cm）	29.7
果穗考种特征					
穗长（cm）	10.1	穗粗（cm）	4.0	秃尖长（cm）	1.3
穗行数	10～12	行粒数	16.3	百粒重（g）	16.5
鲜籽粒主要成分					
水分（%）	73.33	淀粉（mg/g，FW）	53.84	可溶性糖（mg/g，FW）	74.62
粗蛋白（mg/g，FW）	35.77	粗脂肪（%）	2.07	粗纤维（%）	0.78
食味品质					
甜度	中等	风味	中等	爽脆度	中等
果皮厚度	中等				

10QXJFM

种质库编号：C0276

资源类型：自交系

材料来源：山东省农业科学院玉米研究所

观测地点：广州市天河区

保存单位：广东省农业科学院作物研究所

特征特性：株型半紧凑；雄穗护颖黄绿色，花药黄绿色，花丝黄绿色；雌穗包被完整，有旗叶，长穗柄，果穗柱形。

最佳采收期籽粒食味品质中等。

成熟后籽粒橙黄色，穗轴白色。

农艺性状					
株高（cm）	143.7	上位穗上叶叶长（cm）	66.9	雄穗一级分枝数	少
穗位高（cm）	39.5	上位穗上叶叶宽（cm）	7.6	雄穗长度（cm）	26.6
果穗考种特征					
穗长（cm）	11.1	穗粗（cm）	3.9	秃尖长（cm）	1.4
穗行数	10～14	行粒数	18.2	百粒重（g）	17.3
鲜籽粒主要成分					
水分（%）	71.35	淀粉（mg/g，FW）	64.65	可溶性糖（mg/g，FW）	60.58
粗蛋白（mg/g，FW）	42.12	粗脂肪（%）	2.08	粗纤维（%）	0.96
食味品质					
甜度	中等	风味	中等	爽脆度	中等
果皮厚度	中等				

XJLN

种质库编号：C0277

资源类型：自交系

材料来源：山东省农业科学院玉米研究所

观测地点：广州市天河区

保存单位：广东省农业科学院作物研究所

特征特性：株型半紧凑；雄穗护颖黄绿色，花药黄绿色，花丝黄绿色，雌雄协调性差；雌穗包被完整，有旗叶，长穗柄，果穗柱形。

最佳采收期籽粒食味品质优，果皮薄，甜度高，风味好，爽脆。

成熟后籽粒橘黄色，穗轴白色。

农艺性状					
株高（cm）	155.9	上位穗上叶叶长（cm）	65.5	雄穗一级分枝数	少
穗位高（cm）	41.3	上位穗上叶叶宽（cm）	7.1	雄穗长度（cm）	27.0
果穗考种特征					
穗长（cm）	10.7	穗粗（cm）	3.7	秃尖长（cm）	1.3
穗行数	10~12	行粒数	19.2	百粒重（g）	16.2
鲜籽粒主要成分					
水分（%）	72.34	淀粉（mg/g，FW）	55.08	可溶性糖（mg/g，FW）	55.39
粗蛋白（mg/g，FW）	41.62	粗脂肪（%）	3.11	粗纤维（%）	0.81
食味品质					
甜度	优	风味	优	爽脆度	优
果皮厚度	优				

5

种质库编号：C0282

资源类型：自交系

材料来源：山东省农业科学院玉米研究所

观测地点：广州市天河区

保存单位：广东省农业科学院作物研究所

特征特性：株型紧凑；雄穗多分枝，护颖黄绿色，花药黄绿色，花丝黄绿色；雌穗包被完整，果穗柱形。

最佳采收期籽粒食味品质中等。

成熟后籽粒黄色，穗轴白色。

农艺性状					
株高（cm）	123.5	上位穗上叶叶长（cm）	53.8	雄穗一级分枝数	多
穗位高（cm）	42.6	上位穗上叶叶宽（cm）	7.3	雄穗长度（cm）	24.1
果穗考种特征					
穗长（cm）	11.0	穗粗（cm）	3.2	秃尖长（cm）	1.4
穗行数	12～14	行粒数	21.2	百粒重（g）	12.2
鲜籽粒主要成分					
水分（%）	72.02	淀粉（mg/g，FW）	46.62	可溶性糖（mg/g，FW）	63.15
粗蛋白（mg/g，FW）	40.59	粗脂肪（%）	2.09	粗纤维（%）	0.66
食味品质					
甜度	中等	风味	中等	爽脆度	中等
果皮厚度	中等				

1167-GuangXiTF

种质库编号：C0284

资源类型：自交系

材料来源：山东省农业科学院玉米研究所

观测地点：广州市天河区

保存单位：广东省农业科学院作物研究所

特征特性：株型紧凑；雄穗护颖黄绿色，花药黄绿色，花丝黄绿色；雌穗包被完整，果穗柱形，有秃尖。

最佳采收期籽粒食味品质中等。

成熟后籽粒橙黄色，穗轴白色。

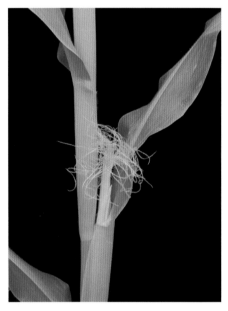

农艺性状					
株高（cm）	159.4	上位穗上叶叶长（cm）	60.0	雄穗一级分枝数	中
穗位高（cm）	51.9	上位穗上叶叶宽（cm）	7.0	雄穗长度（cm）	28.7
果穗考种特征					
穗长（cm）	11.8	穗粗（cm）	3.3	秃尖长（cm）	3.1
穗行数	8~10	行粒数	18.5	百粒重（g）	14.5
鲜籽粒主要成分					
水分（%）	74.66	淀粉（mg/g，FW）	37.14	可溶性糖（mg/g，FW）	72.05
粗蛋白（mg/g，FW）	37.75	粗脂肪（%）	2.08	粗纤维（%）	0.82
食味品质					
甜度	中等	风味	中等	爽脆度	中等
果皮厚度	中等				

111Hang36-1

种质库编号：C0289

资源类型：自交系

材料来源：山东省农业科学院玉米研究所

观测地点：广州市天河区

保存单位：广东省农业科学院作物研究所

特征特性：株型半紧凑；叶片宽大；雄穗护颖黄绿色，花药黄绿色，花丝黄绿色；雌穗包被完整，果穗柱形。

最佳采收期籽粒甜度高，风味好，爽脆。

成熟后籽粒白色，穗轴白色。

农艺性状					
株高（cm）	123.1	上位穗上叶叶长（cm）	63.5	雄穗一级分枝数	中
穗位高（cm）	34.1	上位穗上叶叶宽（cm）	8.3	雄穗长度（cm）	23.7
果穗考种特征					
穗长（cm）	9.4	穗粗（cm）	3.7	秃尖长（cm）	2.2
穗行数	12～16	行粒数	14.1	百粒重（g）	8.9
鲜籽粒主要成分					
水分（%）	78.70	淀粉（mg/g，FW）	8.41	可溶性糖（mg/g，FW）	67.41
粗蛋白（mg/g，FW）	29.24	粗脂肪（%）	0.96	粗纤维（%）	0.97
食味品质					
甜度	优	风味	优	爽脆度	优
果皮厚度	中等				

A21

种质库编号：C0311

资源类型：自交系

材料来源：山东省农业科学院玉米研究所

观测地点：广州市天河区

保存单位：广东省农业科学院作物研究所

特征特性：株型平展，有分蘖；雄穗护颖黄绿色，花药黄绿色，花丝黄绿色；雌穗包被完整，果穗柱形。

最佳采收期籽粒果皮薄，爽脆，甜度和风味中等。

成熟后籽粒和穗轴均为白色。

农艺性状					
株高（cm）	126.7	上位穗上叶叶长（cm）	56.1	雄穗一级分枝数	多
穗位高（cm）	32.4	上位穗上叶叶宽（cm）	7.9	雄穗长度（cm）	21.7
果穗考种特征					
穗长（cm）	10.6	穗粗（cm）	3.7	秃尖长（cm）	0
穗行数	12～14	行粒数	18.0	百粒重（g）	13.5
鲜籽粒主要成分					
水分（%）	67.60	淀粉（mg/g，FW）	39.21	可溶性糖（mg/g，FW）	65.18
粗蛋白（mg/g，FW）	37.51	粗脂肪（%）	3.61	粗纤维（%）	1.27
食味品质					
甜度	中等	风味	中等	爽脆度	优
果皮厚度	优				

A25

种质库编号：C0315

资源类型：自交系

材料来源：山东省农业科学院玉米研究所

观测地点：广州市天河区

保存单位：广东省农业科学院作物研究所

特征特性：株型半紧凑；雄穗护颖黄绿色，花药黄绿色，花丝黄绿色；雌穗包被完整，果穗柱形。

最佳采收期籽粒食味品质中等。

成熟后籽粒橙黄色，穗轴白色。

农艺性状					
株高（cm）	130.2	上位穗上叶叶长（cm）	66.9	雄穗一级分枝数	中
穗位高（cm）	33.1	上位穗上叶叶宽（cm）	6.5	雄穗长度（cm）	28.1
果穗考种特征					
穗长（cm）	12.7	穗粗（cm）	4.2	秃尖长（cm）	2.5
穗行数	12~16	行粒数	21.7	百粒重（g）	14.7
鲜籽粒主要成分					
水分（%）	71.63	淀粉（mg/g，FW）	59.05	可溶性糖（mg/g，FW）	64.08
粗蛋白（mg/g，FW）	29.58	粗脂肪（%）	2.73	粗纤维（%）	1.17
食味品质					
甜度	中等	风味	中等	爽脆度	中等
果皮厚度	中等				

A27

种质库编号：C0317

资源类型：自交系

材料来源：山东省农业科学院玉米研究所

观测地点：广州市天河区

保存单位：广东省农业科学院作物研究所

特征特性：株型平展；雄穗护颖黄绿色，花药黄绿色，花丝黄绿色；雌穗包被完整，果穗柱形。

最佳采收期籽粒食味品质中等。

成熟后籽粒橘黄色，穗轴白色，籽粒与穗轴连接力强。

农艺性状					
株高（cm）	113.0	上位穗上叶叶长（cm）	50.0	雄穗一级分枝数	少
穗位高（cm）	30.0	上位穗上叶叶宽（cm）	9.0	雄穗长度（cm）	26.0
果穗考种特征					
穗长（cm）	12.0	穗粗（cm）	3.8	秃尖长（cm）	0.5
穗行数	14～18	行粒数	22.0	百粒重（g）	10.2
鲜籽粒主要成分					
水分（%）	67.91	淀粉（mg/g，FW）	58.42	可溶性糖（mg/g，FW）	59.54
粗蛋白（mg/g，FW）	37.61	粗脂肪（%）	1.99	粗纤维（%）	1.33
食味品质					
甜度	中等	风味	中等	爽脆度	中等
果皮厚度	中等				

A28

种质库编号：C0318

资源类型：自交系

材料来源：山东省农业科学院玉米研究所

观测地点：广州市天河区

保存单位：广东省农业科学院作物研究所

特征特性：株型半紧凑；雄穗护颖黄绿色，花药黄绿色，花丝黄绿色；雌穗包被完整，有副穗，果穗柱形，有秃尖。

最佳采收期籽粒食味品质中等。

成熟后籽粒和穗轴均为白色。

农艺性状					
株高（cm）	147.3	上位穗上叶叶长（cm）	61.2	雄穗一级分枝数	多
穗位高（cm）	49.0	上位穗上叶叶宽（cm）	7.9	雄穗长度（cm）	21.3
果穗考种特征					
穗长（cm）	9.4	穗粗（cm）	3.7	秃尖长（cm）	2.7
穗行数	14～18	行粒数	19.0	百粒重（g）	9.0
鲜籽粒主要成分					
水分（%）	—	淀粉（mg/g，FW）	—	可溶性糖（mg/g，FW）	—
粗蛋白（mg/g，FW）	—	粗脂肪（%）	—	粗纤维（%）	—
食味品质					
甜度	中等	风味	中等	爽脆度	中等
果皮厚度	中等				

A33

种质库编号：C0323

资源类型：自交系

材料来源：山东省农业科学院玉米研究所

观测地点：广州市天河区

保存单位：广东省农业科学院作物研究所

特征特性：植株矮，株型半紧凑；雄穗护颖黄绿色，花药黄绿色，粉量多，花丝黄绿色；雌穗包被完整，果穗柱形。

最佳采收期籽粒食味品质优，甜度高，风味好，爽脆。成熟后籽粒白色，穗轴白色。

农艺性状					
株高（cm）	88.0	上位穗上叶叶长（cm）	53.9	雄穗一级分枝数	中
穗位高（cm）	30.8	上位穗上叶叶宽（cm）	7.5	雄穗长度（cm）	21.3
果穗考种特征					
穗长（cm）	11.8	穗粗（cm）	3.6	秃尖长（cm）	1.0
穗行数	14～16	行粒数	24.3	百粒重（g）	11.5
鲜籽粒主要成分					
水分（%）	76.22	淀粉（mg/g，FW）	36.81	可溶性糖（mg/g，FW）	49.41
粗蛋白（mg/g，FW）	25.62	粗脂肪（%）	1.88	粗纤维（%）	0.98
食味品质					
甜度	优	风味	优	爽脆度	优
果皮厚度	中等				

A39

种质库编号：C0329

资源类型：自交系

材料来源：山东省农业科学院玉米研究所

观测地点：广州市天河区

保存单位：广东省农业科学院作物研究所

特征特性：株型半紧凑；喇叭口期有卷心表现；雄穗护颖黄绿色，花药黄绿色，花丝黄绿色；雌穗包被完整，果穗柱形。

最佳采收期籽粒食味品质中等，爽脆。

成熟后籽粒和穗轴均为白色。

农艺性状					
株高（cm）	142.8	上位穗上叶叶长（cm）	71.2	雄穗一级分枝数	中
穗位高（cm）	46.7	上位穗上叶叶宽（cm）	7.2	雄穗长度（cm）	25.9
果穗考种特征					
穗长（cm）	10.2	穗粗（cm）	3.2	秃尖长（cm）	0.6
穗行数	10～12	行粒数	19.3	百粒重（g）	13.2
鲜籽粒主要成分					
水分（%）	72.33	淀粉（mg/g，FW）	60.20	可溶性糖（mg/g，FW）	47.06
粗蛋白（mg/g，FW）	33.20	粗脂肪（%）	2.91	粗纤维（%）	0.71
食味品质					
甜度	中等	风味	中等	爽脆度	优
果皮厚度	中等				

PART TWO

普通甜玉米种质资源

普通甜玉米是 4 号染色体上的 *su1* 基因隐性突变纯合形成的甜玉米类型，也是最早进行开发利用的甜玉米类型。*su1* 基因突变阻止了胚乳中的糖分向淀粉的转化，使得籽粒乳熟期累积水溶性多糖，含糖量在 10% 左右，但具有黏糯的特点。由于可溶性糖含量相对较低，普通甜玉米的甜度和口感等食味品质比超甜玉米差一些，目前在国内甜玉米育种研究中应用已不多，但在美国等其他甜玉米消费区，普通甜玉米仍是甜玉米加工领域的主要原料类型。

P737M20

种质库编号：C0213

资源类型：自交系

材料来源：美国引进的自交系

观测地点：广州市天河区

保存单位：广东省农业科学院作物研究所

特征特性：株型半紧凑；雄穗护颖黄绿色，花药黄绿色，花丝黄绿色；雌穗包被完整，果穗柱形。

最佳采收期籽粒果皮厚度中等，甜度和风味较差。

成熟后籽粒橙黄色，穗轴白色。

农艺性状					
株高（cm）	127.9	上位穗上叶叶长（cm）	59.3	雄穗一级分枝数	少
穗位高（cm）	24.9	上位穗上叶叶宽（cm）	5.7	雄穗长度（cm）	29.0
果穗考种特征					
穗长（cm）	9.7	穗粗（cm）	3.3	秃尖长（cm）	0.9
穗行数	12～14	行粒数	15.2	百粒重（g）	17.1
鲜籽粒主要成分					
水分（%）	64.08	淀粉（mg/g，FW）	53.39	可溶性糖（mg/g，FW）	111.45
粗蛋白（mg/g，FW）	45.12	粗脂肪（%）	1.14	粗纤维（%）	1.48
食味品质					
甜度	差	风味	差	爽脆度	中等
果皮厚度	中等				

P39

种质库编号：C0214

资源类型：自交系

材料来源：美国引进的自交系

观测地点：广州市天河区

保存单位：广东省农业科学院作物研究所

特征特性：株型平展；雄穗护颖黄绿色，花药黄绿色，花丝黄绿色；雌穗包被完整，有旗叶，果穗柱形。

最佳采收期籽粒果皮厚度中等，甜度和爽脆度较差。

成熟后籽粒橘黄色，穗轴白色。

农艺性状					
株高（cm）	135.2	上位穗上叶叶长（cm）	68.7	雄穗一级分枝数	中
穗位高（cm）	25.6	上位穗上叶叶宽（cm）	6.3	雄穗长度（cm）	28.1
果穗考种特征					
穗长（cm）	12.2	穗粗（cm）	3.6	秃尖长（cm）	1.9
穗行数	10～14	行粒数	21.1	百粒重（g）	16.9
鲜籽粒主要成分					
水分（%）	56.14	淀粉（mg/g，FW）	76.04	可溶性糖（mg/g，FW）	74.24
粗蛋白（mg/g，FW）	54.04	粗脂肪（%）	1.92	粗纤维（%）	0.97
食味品质					
甜度	差	风味	中等	爽脆度	差
果皮厚度	中等				

种质库编号：C0222

资源类型：自交系

材料来源：美国引进的自交系

观测地点：广州市天河区

保存单位：广东省农业科学院作物研究所

特征特性：株型半紧凑；叶片长；雄穗护颖黄绿色，花药黄绿色，花丝黄绿色；雌穗包被完整，有旗叶，果穗柱形。

最佳采收期籽粒果皮薄，甜度和风味中等，爽脆度差。

成熟后籽粒橘黄色，穗轴白色，百粒重高。

农艺性状					
株高（cm）	163.8	上位穗上叶叶长（cm）	86.5	雄穗一级分枝数	中
穗位高（cm）	44.0	上位穗上叶叶宽（cm）	7.8	雄穗长度（cm）	32.3
果穗考种特征					
穗长（cm）	15.0	穗粗（cm）	3.9	秃尖长（cm）	2.0
穗行数	10	行粒数	25.0	百粒重（g）	27.6
鲜籽粒主要成分					
水分（%）	58.84	淀粉（mg/g, FW）	60.41	可溶性糖（mg/g, FW）	110.93
粗蛋白（mg/g, FW）	47.33	粗脂肪（%）	3.47	粗纤维（%）	0.98
食味品质					
甜度	中等	风味	中等	爽脆度	差
果皮厚度	优				

P51

种质库编号：C0223

资源类型：自交系

材料来源：美国引进的自交系

观测地点：广州市天河区

保存单位：广东省农业科学院作物研究所

特征特性：株型半紧凑；雄穗护颖黄绿色，花药黄绿色，花丝黄绿色；雌穗包被完整，有旗叶，果穗柱形。

最佳采收期籽粒果皮较厚，甜度和爽脆度较差。

成熟后籽粒橘黄色，穗轴白色。

农艺性状					
株高（cm）	129.3	上位穗上叶叶长（cm）	60.7	雄穗一级分枝数	中
穗位高（cm）	36.3	上位穗上叶叶宽（cm）	6.6	雄穗长度（cm）	26.8
果穗考种特征					
穗长（cm）	9.4	穗粗（cm）	3.1	秃尖长（cm）	1.4
穗行数	8	行粒数	16.5	百粒重（g）	18.5
鲜籽粒主要成分					
水分（%）	57.71	淀粉（mg/g，FW）	50.74	可溶性糖（mg/g，FW）	94.78
粗蛋白（mg/g，FW）	46.66	粗脂肪（%）	2.63	粗纤维（%）	1.08
食味品质					
甜度	差	风味	中等	爽脆度	差
果皮厚度	中等				

Ia 2003

种质库编号：C0224

资源类型：自交系

材料来源：美国引进的自交系

观测地点：广州市天河区

保存单位：广东省农业科学院作物研究所

特征特性：株型平展；雄穗分枝少，护颖黄绿色，花药黄绿色，花丝黄绿色；雌穗包被完整，有旗叶，果穗柱形。

最佳采收期籽粒果皮薄，食味品质中等。

成熟后籽粒黄色，穗轴白色。

农艺性状					
株高（cm）	117.9	上位穗上叶叶长（cm）	48.3	雄穗一级分枝数	少
穗位高（cm）	32.5	上位穗上叶叶宽（cm）	7.0	雄穗长度（cm）	24.9
果穗考种特征					
穗长（cm）	10.0	穗粗（cm）	3.0	秃尖长（cm）	0.3
穗行数	10~14	行粒数	18.5	百粒重（g）	12.3
鲜籽粒主要成分					
水分（%）	65.49	淀粉（mg/g,FW）	37.76	可溶性糖（mg/g,FW）	83.43
粗蛋白（mg/g,FW）	41.65	粗脂肪（%）	1.84	粗纤维（%）	0.86
食味品质					
甜度	中等	风味	中等	爽脆度	中等
果皮厚度	优				

Ia Ev3004

种质库编号：C0225

资源类型：自交系

材料来源：美国引进的自交系

观测地点：广州市天河区

保存单位：广东省农业科学院作物研究所

特征特性：幼苗叶色浅绿。株型半紧凑；雄穗护颖黄绿色，花药黄绿色，花丝黄绿色；雌穗包被完整，果穗柱形。

最佳采收期籽粒甜度和爽脆度较差。

成熟后籽粒白色，穗轴白色。

农艺性状					
株高（cm）	122.1	上位穗上叶叶长（cm）	62.7	雄穗一级分枝数	少
穗位高（cm）	27.5	上位穗上叶叶宽（cm）	6.5	雄穗长度（cm）	27.1
果穗考种特征					
穗长（cm）	9.7	穗粗（cm）	3.1	秃尖长（cm）	1.5
穗行数	10~12	行粒数	18.1	百粒重（g）	17.1
鲜籽粒主要成分					
水分（%）	66.95	淀粉（mg/g，FW）	39.46	可溶性糖（mg/g，FW）	98.61
粗蛋白（mg/g，FW）	35.34	粗脂肪（%）	1.62	粗纤维（%）	0.89
食味品质					
甜度	差	风味	中等	爽脆度	差
果皮厚度	中等				

A684su

种质库编号：C0227

资源类型：自交系

材料来源：美国引进的自交系

观测地点：广州市天河区

保存单位：广东省农业科学院作物研究所

特征特性：株型平展；雄穗护颖黄绿色，花药黄绿色，花丝黄绿色；雌穗穗位低，包被完整，果穗柱形，有秃尖。

最佳采收期籽粒甜度和爽脆度较差。

成熟后籽粒橘黄色，穗轴白色。

农艺性状					
株高（cm）	121.2	上位穗上叶叶长（cm）	67.1	雄穗一级分枝数	中
穗位高（cm）	18.1	上位穗上叶叶宽（cm）	5.9	雄穗长度（cm）	26.3
果穗考种特征					
穗长（cm）	10.3	穗粗（cm）	3.5	秃尖长（cm）	1.8
穗行数	14~16	行粒数	24.0	百粒重（g）	10.8
鲜籽粒主要成分					
水分（%）	66.03	淀粉（mg/g，FW）	71.60	可溶性糖（mg/g，FW）	55.81
粗蛋白（mg/g，FW）	41.83	粗脂肪（%）	1.43	粗纤维（%）	0.81
食味品质					
甜度	差	风味	中等	爽脆度	差
果皮厚度	中等				

A685su

种质库编号：C0228

资源类型：自交系

材料来源：美国引进的自交系

观测地点：广州市天河区

保存单位：广东省农业科学院作物研究所

特征特性：幼苗芽鞘紫色。株型平展，有紫色支持根；雄穗护颖绿带浅紫纹，花药浅紫色，花丝浅红色；雌穗包被完整，果穗柱形。

最佳采收期籽粒食味品质较差。

成熟后籽粒橘黄色，穗轴白色。

农艺性状					
株高（cm）	144.0	上位穗上叶叶长（cm）	65.0	雄穗一级分枝数	中
穗位高（cm）	31.1	上位穗上叶叶宽（cm）	7.1	雄穗长度（cm）	27.8
果穗考种特征					
穗长（cm）	8.9	穗粗（cm）	3.4	秃尖长（cm）	0.2
穗行数	10~14	行粒数	18.7	百粒重（g）	18.0
鲜籽粒主要成分					
水分（%）	—	淀粉（mg/g，FW）	—	可溶性糖（mg/g，FW）	—
粗蛋白（mg/g，FW）	—	粗脂肪（%）	—	粗纤维（%）	—
食味品质					
甜度	差	风味	差	爽脆度	差
果皮厚度	差				

Il101

种质库编号：C0230

资源类型：自交系

材料来源：美国引进的自交系

观测地点：广州市天河区

保存单位：广东省农业科学院作物研究所

特征特性：株型半紧凑；叶片窄长；雄穗较大，披散下垂，护颖黄绿色，花药黄绿色，花丝黄绿色；雌穗穗位低，包被完整，有旗叶，果穗柱形。

最佳采收期籽粒果皮薄，但甜度和爽脆度较差。

成熟后籽粒橘黄色，穗轴白色。

农艺性状					
株高（cm）	133.7	上位穗上叶叶长（cm）	66.3	雄穗一级分枝数	中
穗位高（cm）	25.5	上位穗上叶叶宽（cm）	5.9	雄穗长度（cm）	28.9
果穗考种特征					
穗长（cm）	9.6	穗粗（cm）	3.0	秃尖长（cm）	0.5
穗行数	8～12	行粒数	15.7	百粒重（g）	17.7
鲜籽粒主要成分					
水分（%）	65.11	淀粉（mg/g，FW）	59.42	可溶性糖（mg/g，FW）	44.55
粗蛋白（mg/g，FW）	40.31	粗脂肪（%）	1.72	粗纤维（%）	0.73
食味品质					
甜度	差	风味	差	爽脆度	差
果皮厚度	优				

T62S

种质库编号：C0232

资源类型：自交系

材料来源：美国引进的自交系

观测地点：广州市天河区

保存单位：广东省农业科学院作物研究所

特征特性：株型平展；雄穗护颖黄绿色，花药黄绿色，花丝黄绿色；雌穗包被完整，果穗柱形。

最佳采收期籽粒食味品质较差。

成熟后籽粒橘黄色，穗轴白色。

农艺性状					
株高（cm）	173.1	上位穗上叶叶长（cm）	64.8	雄穗一级分枝数	中
穗位高（cm）	45.4	上位穗上叶叶宽（cm）	8.8	雄穗长度（cm）	30.9
果穗考种特征					
穗长（cm）	9.5	穗粗（cm）	2.9	秃尖长（cm）	1.3
穗行数	8	行粒数	10.7	百粒重（g）	15.0
鲜籽粒主要成分					
水分（%）	74.84	淀粉（mg/g，FW）	11.69	可溶性糖（mg/g，FW）	38.08
粗蛋白（mg/g，FW）	33.00	粗脂肪（%）	1.09	粗纤维（%）	0.96
食味品质					
甜度	差	风味	中等	爽脆度	差
果皮厚度	中等				

W5543

种质库编号：C0237

资源类型：自交系

材料来源：美国引进的自交系

观测地点：广州市天河区

保存单位：广东省农业科学院作物研究所

特征特性：幼苗叶色浅绿。株型平展；雄穗护颖黄绿色，花药黄绿色，花丝黄绿色，雌雄协调性差；雌穗穗位低，包被完整，有旗叶，果穗柱形。

最佳采收期籽粒食味品质较差。

成熟后籽粒橘黄色，穗轴白色。

农艺性状					
株高（cm）	121.9	上位穗上叶叶长（cm）	67.7	雄穗一级分枝数	中
穗位高（cm）	19.9	上位穗上叶叶宽（cm）	5.1	雄穗长度（cm）	25.4
果穗考种特征					
穗长（cm）	11.4	穗粗（cm）	3.1	秃尖长（cm）	0.8
穗行数	10~14	行粒数	19.5	百粒重（g）	15.5
鲜籽粒主要成分					
水分（%）	—	淀粉（mg/g，FW）	—	可溶性糖（mg/g，FW）	—
粗蛋白（mg/g，FW）	—	粗脂肪（%）	—	粗纤维（%）	—
食味品质					
甜度	差	风味	差	爽脆度	差
果皮厚度	中等				

W6720-1

种质库编号：C0238

资源类型：自交系

材料来源：美国引进的自交系

观测地点：广州市天河区

保存单位：广东省农业科学院作物研究所

特征特性：株型平展；雄穗护颖黄绿色，花药黄绿色，花粉量小，花丝黄绿色；雌穗包被完整，有旗叶，果穗柱形。

最佳采收期籽粒食味品质中等。

成熟后籽粒橘黄色，穗轴白色。

农艺性状					
株高（cm）	166.9	上位穗上叶叶长（cm）	67.9	雄穗一级分枝数	中
穗位高（cm）	49.1	上位穗上叶叶宽（cm）	6.8	雄穗长度（cm）	26.1
果穗考种特征					
穗长（cm）	9.9	穗粗（cm）	3.0	秃尖长（cm）	1.0
穗行数	12～14	行粒数	23.0	百粒重（g）	15.3
鲜籽粒主要成分					
水分（%）	61.64	淀粉（mg/g，FW）	55.92	可溶性糖（mg/g，FW）	120.57
粗蛋白（mg/g，FW）	40.08	粗脂肪（%）	1.64	粗纤维（%）	0.70
食味品质					
甜度	中等	风味	中等	爽脆度	差
果皮厚度	中等				

AS12

种质库编号：C0249

资源类型：自交系

材料来源：美国引进的自交系

观测地点：广州市天河区

保存单位：广东省农业科学院作物研究所

特征特性：株型平展；雄穗小，护颖黄绿色，基部有紫环，花药黄绿色，花丝黄绿色；雌穗包被完整，果穗柱形。

最佳采收期籽粒甜度和爽脆度较差，风味和果皮厚度中等。

成熟后籽粒橘黄色，穗轴白色。

农艺性状					
株高（cm）	145.6	上位穗上叶叶长（cm）	62.1	雄穗一级分枝数	少
穗位高（cm）	36.7	上位穗上叶叶宽（cm）	5.8	雄穗长度（cm）	27.2
果穗考种特征					
穗长（cm）	10.9	穗粗（cm）	2.9	秃尖长（cm）	1.3
穗行数	10～16	行粒数	19.4	百粒重（g）	14.7
鲜籽粒主要成分					
水分（%）	—	淀粉（mg/g, FW）	—	可溶性糖（mg/g, FW）	—
粗蛋白（mg/g, FW）	—	粗脂肪（%）	—	粗纤维（%）	—
食味品质					
甜度	差	风味	中等	爽脆度	差
果皮厚度	中等				

PART THREE

加强甜玉米种质资源

加强甜玉米是由4号染色体上的*su1*和2号染色体上的*se*两个基因的双隐性突变*su1se*控制的一种甜玉米类型，其中*se*基因是*su1*基因的主效修饰基因。由于*se*基因对*su1*的增强作用，籽粒的可溶性糖含量比*su1*型普通甜玉米高1倍左右，同时保持了普通甜玉米的口感。

E131-2

种质库编号：C0265

资源类型：自交系

材料来源：山东省农业科学院玉米研究所

观测地点：广州市天河区

保存单位：广东省农业科学院作物研究所

特征特性：株型半紧凑；雄穗护颖黄绿色，花药黄绿色，花丝黄绿色；雌穗包被完整，果穗柱形。

最佳采收期籽粒果皮厚度中等，食味品质较差。

成熟后籽粒黄色，穗轴白色。

农艺性状					
株高（cm）	132.6	上位穗上叶叶长（cm）	56.6	雄穗一级分枝数	中
穗位高（cm）	32.9	上位穗上叶叶宽（cm）	6.0	雄穗长度（cm）	21.3
果穗考种特征					
穗长（cm）	10.6	穗粗（cm）	3.5	秃尖长（cm）	0.4
穗行数	12~16	行粒数	20.7	百粒重（g）	13.0
鲜籽粒主要成分					
水分（%）	65.31	淀粉（mg/g，FW）	59.63	可溶性糖（mg/g，FW）	91.81
粗蛋白（mg/g，FW）	44.44	粗脂肪（%）	1.42	粗纤维（%）	0.95
食味品质					
甜度	差	风味	差	爽脆度	差
果皮厚度	中等				

09DCSTMD

种质库编号：C0266

资源类型：自交系

材料来源：山东省农业科学院玉米研究所

观测地点：广州市天河区

保存单位：广东省农业科学院作物研究所

特征特性：幼苗芽鞘深紫色。株型半紧凑；雄穗护颖绿带紫纹，花药紫色，花丝黄绿色；雌穗包被完整，果穗柱形。

最佳采收期籽粒食味品质中等。

成熟后籽粒橘黄色，穗轴白色。

农艺性状					
株高（cm）	138.1	上位穗上叶叶长（cm）	52.9	雄穗一级分枝数	中
穗位高（cm）	32.9	上位穗上叶叶宽（cm）	6.7	雄穗长度（cm）	25.0
果穗考种特征					
穗长（cm）	10.8	穗粗（cm）	3.6	秃尖长（cm）	0.3
穗行数	12～14	行粒数	18.7	百粒重（g）	18.1
鲜籽粒主要成分					
水分（%）	68.84	淀粉（mg/g，FW）	55.27	可溶性糖（mg/g，FW）	78.66
粗蛋白（mg/g，FW）	35.16	粗脂肪（%）	1.36	粗纤维（%）	0.75
食味品质					
甜度	中等	风味	中等	爽脆度	中等
果皮厚度	中等				

E134-1

种质库编号：C0267

资源类型：自交系

材料来源：山东省农业科学院玉米研究所

观测地点：广州市天河区

保存单位：广东省农业科学院作物研究所

特征特性：幼苗芽鞘紫色。株型半紧凑；雄穗护颖绿带浅紫纹，花药黄绿色，花粉量小，花丝深红色；雌穗包被完整，果穗柱形。

最佳采收期籽粒果皮厚度中等，食味品质较差。

成熟后籽粒橘黄色，穗轴白色。

农艺性状					
株高（cm）	136.0	上位穗上叶叶长（cm）	52.5	雄穗一级分枝数	少
穗位高（cm）	39.0	上位穗上叶叶宽（cm）	5.0	雄穗长度（cm）	18.5
果穗考种特征					
穗长（cm）	7.0	穗粗（cm）	2.5	秃尖长（cm）	1.0
穗行数	10	行粒数	16.0	百粒重（g）	13.2
鲜籽粒主要成分					
水分（%）	—	淀粉（mg/g，FW）	—	可溶性糖（mg/g，FW）	—
粗蛋白（mg/g，FW）	—	粗脂肪（%）	—	粗纤维（%）	—
食味品质					
甜度	差	风味	差	爽脆度	差
果皮厚度	中等				

E011-1-2-2

种质库编号：C0268

资源类型：自交系

材料来源：山东省农业科学院玉米研究所

观测地点：广州市天河区

保存单位：广东省农业科学院作物研究所

特征特性：株型半紧凑；雄穗护颖黄绿色，小穗基部有紫环，花药黄绿色，花丝黄绿色；雌穗包被完整，果穗较长，柱形。

最佳采收期籽粒甜度和风味中等，果皮厚，爽脆度差。

成熟后籽粒黄色，穗轴白色。

农艺性状					
株高（cm）	109.7	上位穗上叶叶长（cm）	55.0	雄穗一级分枝数	中
穗位高（cm）	27.5	上位穗上叶叶宽（cm）	6.2	雄穗长度（cm）	21.0
果穗考种特征					
穗长（cm）	14.3	穗粗（cm）	3.2	秃尖长（cm）	3.7
穗行数	12	行粒数	22.0	百粒重（g）	15.2
鲜籽粒主要成分					
水分（%）	65.13	淀粉（mg/g，FW）	47.12	可溶性糖（mg/g，FW）	50.29
粗蛋白（mg/g，FW）	47.43	粗脂肪（%）	2.25	粗纤维（%）	1.31
食味品质					
甜度	中等	风味	中等	爽脆度	差
果皮厚度	差				

E019-11-1

种质库编号：C0269

资源类型：自交系

材料来源：山东省农业科学院玉米研究所

观测地点：广州市天河区

保存单位：广东省农业科学院作物研究所

特征特性：幼苗芽鞘紫色。株型半紧凑；雄穗护颖绿带紫纹，花药浅紫色，花丝黄绿色；雌穗包被完整，果穗柱形。

最佳采收期籽粒食味品质中等。

成熟后籽粒橙黄色，穗轴白色。

农艺性状					
株高（cm）	130.4	上位穗上叶叶长（cm）	61.3	雄穗一级分枝数	少
穗位高（cm）	37.1	上位穗上叶叶宽（cm）	7.3	雄穗长度（cm）	25.9
果穗考种特征					
穗长（cm）	8.5	穗粗（cm）	3.8	秃尖长（cm）	0.8
穗行数	10～12	行粒数	14.5	百粒重（g）	20.2
鲜籽粒主要成分					
水分（%）	71.33	淀粉（mg/g, FW）	28.15	可溶性糖（mg/g, FW）	127.86
粗蛋白（mg/g, FW）	40.21	粗脂肪（%）	1.26	粗纤维（%）	1.02
食味品质					
甜度	中等	风味	中等	爽脆度	中等
果皮厚度	中等				

E087-1 ⊕ 2-1

种质库编号：C0270

资源类型：自交系

材料来源：山东省农业科学院玉米研究所

观测地点：广州市天河区

保存单位：广东省农业科学院作物研究所

特征特性：株型平展；雄穗分枝少，护颖黄绿色，小穗基部有紫环，花药黄绿色，花丝黄绿色；雌穗包被完整，有旗叶，双穗率高，果穗柱形。

最佳采收期籽粒果皮厚度中等，食味品质较差。

成熟后籽粒橙黄色，穗轴白色。

农艺性状					
株高（cm）	127.1	上位穗上叶叶长（cm）	65.5	雄穗一级分枝数	少
穗位高（cm）	34.9	上位穗上叶叶宽（cm）	6.2	雄穗长度（cm）	31.0
果穗考种特征					
穗长（cm）	11.8	穗粗（cm）	3.1	秃尖长（cm）	1.0
穗行数	12~14	行粒数	22.4	百粒重（g）	13.2
鲜籽粒主要成分					
水分（%）	66.62	淀粉（mg/g, FW）	51.77	可溶性糖（mg/g, FW）	151.58
粗蛋白（mg/g, FW）	36.72	粗脂肪（%）	2.63	粗纤维（%）	1.27
食味品质					
甜度	差	风味	差	爽脆度	中等
果皮厚度	中等				

E152-2-2

种质库编号：C0271

资源类型：自交系

材料来源：山东省农业科学院玉米研究所

观测地点：广州市天河区

保存单位：广东省农业科学院作物研究所

特征特性：株型平展，节间长；叶片窄；雄穗小，分枝少，护颖黄绿色，花药黄绿色，花丝黄绿色；雌穗穗位低，包被完整，果穗柱形。

最佳采收期籽粒果皮厚度中等，甜度较差。

成熟后籽粒橘黄色，穗轴白色。

农艺性状					
株高（cm）	117.3	上位穗上叶叶长（cm）	58.7	雄穗一级分枝数	少
穗位高（cm）	19.3	上位穗上叶叶宽（cm）	4.9	雄穗长度（cm）	21.2
果穗考种特征					
穗长（cm）	10.9	穗粗（cm）	3.1	秃尖长（cm）	1.2
穗行数	12	行粒数	22.4	百粒重（g）	11.6
鲜籽粒主要成分					
水分（%）	65.28	淀粉（mg/g，FW）	45.85	可溶性糖（mg/g，FW）	101.86
粗蛋白（mg/g，FW）	50.20	粗脂肪（%）	2.32	粗纤维（%）	1.07
食味品质					
甜度	差	风味	中等	爽脆度	中等
果皮厚度	中等				